广西艺术学院学术著作出版资助项目（项目编号：XSZZ201816）

椅子的权力

椅子的设计艺术、科学和哲学研究

农先文　著

武汉大学出版社

图书在版编目(CIP)数据

椅子的权力:椅子的设计艺术、科学和哲学研究/农先文著.—武汉：武汉大学出版社,2019.8
ISBN 978-7-307-20801-8

Ⅰ.椅… Ⅱ.农… Ⅲ.椅—设计 Ⅳ.TS665.4

中国版本图书馆 CIP 数据核字(2019)第 056495 号

责任编辑:胡国民　　责任校对:汪欣怡　　版式设计:韩闻锦

出版发行：**武汉大学出版社**　（430072　武昌　珞珈山）
（电子邮箱：cbs22@whu.edu.cn　网址：www.wdp.com.cn）
印刷：武汉市金港彩印有限公司
开本：787×1092　1/16　印张：11　字数：258 千字　插页：2
版次：2019 年 8 月第 1 版　　2019 年 8 月第 1 次印刷
ISBN 978-7-307-20801-8　　定价：57.00 元

版权所有，不得翻印；凡购我社的图书，如有质量问题，请与当地图书销售部门联系调换。

作者简介

农先文，法国艾克斯–马赛大学艺术学和造型艺术专业博士，现任广西艺术学院教师。

主要研究设计史、设计理论、艺术史、艺术理论、设计哲学和设计美学等。发表论文多篇，主持或参与各级项目若干项。

前　言

目前，国内外尚无人专门研究椅子的艺术、科学和哲学问题，也未见把椅子的物质性与精神性结合在一起。然而椅子与人类关系密切，我们有必要以它为研究对象，从多角度分析它的内涵与外延。书中，笔者沿着椅子设计史这条主线，找出典型的例子，来论证人类在椅子设计方面对艺术、科学和哲学的诉求。

本书由三个部分构成：椅子的艺术；椅子的科学；椅子的哲学。

（1）椅子的艺术。从物质的角度来看，它被人类赋予深厚的人文思想；从人的主动性来看，它是人类表达艺术、哲学思想、审美品位、经济能力、社会地位、性格特点的重要媒介（载体或者承受者），是科学研究的重要内容之一，是人类艺术和哲学思想的物化结果。该部分由两个方面组成：椅子中的艺术性和艺术中的椅子。

首先谈论椅子中的艺术性问题。笔者从近现代以前椅子的设计史（公元前33世纪—20世纪初）中观察椅子设计中的艺术性。总共归纳出三点：（1）动物的象征；（2）植物的象征；（3）椅子中的宗教艺术。接着根据20世纪初到21世纪初的椅子设计史分析椅子中的艺术性问题。

然后谈论艺术中的椅子问题，即，椅子在艺术作品中的应用。椅子的设计是一门艺术，椅子的本体也可以成为艺术作品的构成元素；当它在艺术作品出现时，经过艺术家的特殊处理，已经成为一种具有特殊语言的媒介，能表达特殊的含义。这种含义的前提条件是人的主动沉思。沉思之后，便产生了无言的"沟通"，这便是椅子的艺术性所在。正因为椅子具有特殊的艺术语言，不少艺术家把椅子应用到他们的艺术作品中。例如，1888年，荷兰画家在法国南部城市阿尔乐（Arles）创作了两幅以椅子为主体的油画作品，分别是《梵高的椅子》和《高更的椅子》。画家把椅子定格在画幅的中部，作为作品的中心媒介，成为作品的"主要人物"。面对作品，观众进行主观能动性思考，可从椅子的形象联想到椅子的主人的形象，体会到其主人的思想。如果把两幅油画放在一起，一左一右，观众似乎看到两张椅子所代表的两个"朋友"（梵高和高更）面对面地坐着，开始沟通，甚至因为性格差异较大而互相批判。旅法中国艺术家陈箴，用椅子创作了不少艺术作品，其中一件作品题为《圆桌》（Round table/Table round），创作于1995年。该作品曾经在日内瓦联合国总部展出，社会反响很大，现在收藏于法国蓬皮杜中心。

（2）椅子的科学。设计的宗旨是满足人类的生理和心理需求、物质和精神需求。设计的理论核心是"以人为本"，这种思想在不同的历史时期表现不同；而且人类在不断解放思想，开拓进取，深入研究，以完善这一思想并推动这一思想的发展。到1955年，美国设计师和工程师亨利·德雷弗斯（Henry Dreyfuss）著了一本书，题为《为人类设计》(*Designing for people*)。他于1959年出版另一本书,题为《人体测量学,设计中人的因素》(*The measure of man, human factors in design*)。在这两本书中,他提出了"人体工程学"这一概念,试图把"以人为本"的思想转化为现代科学。椅子的发展与人类的发展平行展开,这一重要的家具见证了"以人为本"到"人体工程学"的演变过程。

(3) 椅子的哲学。该部分提出人类和椅子的存在问题、人类与椅子的关系、人类与椅子的品质特征、人类与椅子的问题、人类与椅子的未来等问题。作者在从艺术、科学和哲学三个角度来考察椅子之后,把笔墨落在本书的主题:椅子的权力。椅子本身是物体,没有表现出任何的权力,但是人类在几千年的历史发展过程中,赋予它多种内涵。既然人有一定的权力,人把思想转化到椅子上,椅子便有了一定的"权力",这种"权力"的前提是人的主观思考和审查。当人从椅子的角度提出哲学问题时,其实是对人对自身的反思。可见,人类的存在与椅子的存在紧密相连,在人与物的互动过程中,人类的思想发生了转移,然后又回归本体。

总的来说,椅子本身并没有生命,也不能与人进行语言沟通。但是,由于人与椅子在互动的过程中,建立了某种微妙的关系,椅子似乎也有了"生命",还会与人类"沟通",它的存在对于人类的存在意义非凡。椅子也不再是一件简单的物品,它包含艺术性、科学性和哲学性。

在本书中,笔者采用"立体研究方法",从艺术学、设计学、心理学、社会学、经济学、人类学、科学和哲学等多角度来考证和论述椅子的物质性与精神性、本体和客体、内涵与外延、意指、能指和所指、意义与象征等问题。本书旨在为设计学教师、研究人员、研究生、设计师提出具有参考价值的问题,提供一定的理论依据,引发更深入的研究。

目　　录

第一章　绪论 ………………………………………………………………… 1
　　第一节　椅子的设计艺术和科学 ………………………………………… 1
　　第二节　椅子的艺术语言 ………………………………………………… 4
　　第三节　椅子的哲学 ……………………………………………………… 4

第二章　几何化设计 ………………………………………………………… 9
　　第一节　概述 ……………………………………………………………… 9
　　第二节　和谐的几何设计 ………………………………………………… 9
　　第三节　几何主义设计的人文根源 ……………………………………… 16
　　结语 ………………………………………………………………………… 19

第三章　工业化椅子 ………………………………………………………… 20
　　第一节　现代钢管椅子的先锋 …………………………………………… 20
　　第二节　功能即装饰 ……………………………………………………… 28
　　第三节　冷漠的椅子 ……………………………………………………… 30

第四章　斯堪的纳维亚的设计实验 ………………………………………… 32
　　第一节　设计实验的先驱 ………………………………………………… 32
　　第二节　木材的人情味 …………………………………………………… 33
　　第三节　中国主义 ………………………………………………………… 36
　　第四节　新生物主义设计 ………………………………………………… 41
　　第五节　封闭的空间设计 ………………………………………………… 47
　　第六节　设计实验的成果 ………………………………………………… 50
　　结语 ………………………………………………………………………… 51

第五章　民主的设计 ………………………………………………………… 53
　　第一节　概述 ……………………………………………………………… 53
　　第二节　椅子的空间结构 ………………………………………………… 54
　　第三节　空间设计哲学 …………………………………………………… 56
　　第四节　民主的空间设计 ………………………………………………… 58
　　结语 ………………………………………………………………………… 65

第六章　中国的现代椅子设计（清末—民国） …… 67
第一节　椅子的风格 …… 67
第二节　新文化运动与设计方法论 …… 71
第三节　新的艺术教育模式推动中国现代设计的发展 …… 74
第四节　外国建筑对中国建筑的影响 …… 75
第五节　农民的椅子 …… 77

第七章　中国的现代椅子设计（1950—2000） …… 78
第一节　中华人民共和国成立后的中国坐具 …… 78
第二节　中国现代家具发展的阻力（1949—1978） …… 82
第三节　民族的、科学的、大众的设计 …… 83
第四节　苏联设计对中国设计的影响 …… 86
第五节　西方现代主义设计对中国设计的影响 …… 86
结语 …… 88

第八章　当代艺术作品中的概念性椅子 …… 89
第一节　梵高的概念化椅子 …… 89
第二节　杜尚的概念化凳子 …… 95
第三节　肯宁汉舞蹈中的概念化椅子 …… 98
结语 …… 103

第九章　存在的限制 …… 105
第一节　椅子中的双重存在 …… 105
第二节　双重广告 …… 108
第三节　限制与存在 …… 112
第四节　存在的自由 …… 116
第五节　放弃存在 …… 120
第六节　功能的转化与存在 …… 125
第七节　被悬挂起来的椅子 …… 126
第八节　消费者的限制 …… 130
第九节　梵高的新椅子 …… 132

第十章　椅子中的民族身份 …… 135
第一节　嫁接文化 …… 135
第二节　椅子通道 …… 146
第三节　影像中的椅子 …… 149
第四节　古老性与当代性 …… 152

第五节　椅子出国……………………………………………………… 156
　　结语……………………………………………………………………… 159

参考文献 ……………………………………………………………………… 161

感谢 …………………………………………………………………………… 164

第一章 绪 论

第一节 椅子的设计艺术和科学

一、物质功能性的椅子

柏拉图提出,上帝创造并控制世界上一切事物的形式。然而,达尔文的科学发现推翻了这个学说。唯物主义更进一步提出,人类的劳动创造了工具,也创造了人类自己。现在这个学术观点已经得到公认,是一个科学事实。人类所坐的工具也遵循这条发展规律。

人类通过劳动实践生活实践发现,与其他休息的姿势相比,当人坐在一块与膝盖等高的物体上时,身体感觉最舒适,能保持的时间最长。这个物体可以是一块石头、一块木头、一根木桩等。在这个基础之上,人类总结出"坐板"这一工具概念,并用其他物体来支撑这个"坐板"。这些支撑物可以是一些石块、木头等物体。随后,为了让坐板与下方的支撑物联系得更加的牢固,人类用4根木条插入坐板,形成4腿凳子。为了让背部有所依靠,人类在凳子的其中一面加上一块板,便形成了椅子。之后,为了让双手有所依托,便发明了扶手,形成了扶手椅。这一演变过程已经是历史事实。因此,凳子、椅子和扶手椅的基本形式是人类自己在劳动和生活过程中创造出来的。这一发明过程既体现了人类智慧的发展历程,也体现早期人类为了满足自身的需求所作出的努力和贡献。

公元前3000年左右,苏美尔人已经开始使用椅子和扶手椅,古代埃及人也使用了这类高型坐具。在这段时期,人类对凳子、椅子和扶手椅的结构及其功能的认识已经基本定型。凳子适用于暂时休息或者劳动,上身的活动空间不受限制。凳子不可能过高,因为后背没有依靠,容易使人摔倒;椅子用于半休息,可以让人靠背,双手可以自由活动;扶手椅适用于全身心休息,让人的上半身的每一个受力点都有所依靠(依托),这些受力点包括头部、背部、臀部、手部、大腿,人们还可以把双脚依托在下方的横条上,得到一定的放松和休息。之后,为了让更多的人同时坐在一张扶手椅上,人类加宽坐板,形成沙发。至此,人类对凳子、椅子、扶手椅和沙发的结构所下的定义基本不再变,因为每一种工具都是根据人体的不同需求而"设计"的。这些发现都归功于人类自身的劳动,而不是上帝的创造。

既然这四种坐具的基本结构已经定型,后人还可以再创造吗?工业革命创造了设计这个行业,设计师职业逐渐得到全社会的认可。从工艺美术运动开始,家具设计师们不断思考家具改革的问题，引起了一场又一场设计和艺术革命。但是，无论如何改革，如何创造新造型，人们对坐具的基本功能的要求依然不变：坐、靠、依、托、垫、躺。这无疑证明，早期人类所发现的坐具的功能和基本造型已经达到极点。

既然后人创造了新造型，这又提出一个新问题：这些新造型的坐具虽然可以提供同样的功能——坐、靠、依、托、垫、躺，它们还是传统意义上的凳子、椅子、扶手椅和沙发吗？设计师艾洛·阿尼奥（Eero Aarnio）承认先人所规定的椅子的定义，因此他认为自己所设计的《球形椅》等实验性坐具不是椅子，而仅仅是坐具。

奇怪的是，在生活中，人们可以接受和使用各种新形态坐具。它可以是一个球形坐具，也可以是一个水泡形坐具，也可以是一根树桩所做成的坐具。但是，在艺术作品中，极少有艺术家使用这类新型坐具来象征身份、地位、事态、观点、态度等内涵，依然使用先人定下来的凳子、椅子、扶手椅和沙发等符合传统结构特点的坐具。这一点又再次说明，艺术家们也承认先人所定下的坐具的基本定义，而不会轻易改变。唯一改变的是艺术表现手法，如位置的转移、功能的转化、造型的变异、拆解和重组等艺术手段。

综上所述，一般情况下，传统坐具的定义不再改变。今后所出现的与传统坐具结构相去甚远的新型坐具，如球形、水泡形、水果形、人体形、动物形等，只能称为"坐具"——坐的工具。人们无法再改变其原有的功能，却可在传统的坐具和新型坐具中加入新的功能，如：打电话、睡觉、工作、聊天、喝茶、视频联线等。

二、象征权力和财力的椅子

从凳子发展到椅子，再从椅子发展到扶手椅，这个演变过程揭露了从简单的物质形式发展到复杂的物质形式的过程。简单结构的坐具（凳子）属于较低等的人类，而结构和装饰较复杂的坐具是上层社会的专利。这些复杂的元素似乎是身份的象征，身份越高，其结构和装饰程度越复杂。造物上的复杂程度便与人类的等级高低对应起来，这种社会等级色彩在欧美国家一直到拿破仑时代结束后才逐渐淡化；而在中国，随着清朝的灭亡，这种象征符号的色彩逐渐淡化。淡化，意味着进入民主社会。

一般来说，在一个社会里，当某一种事物弱化了，意味着与之相对立的事物便强化起来了。随着复杂性的减弱，现代主义的简单化逐渐得到认可和喜欢。因此，我们可以说，从20世纪起，高级坐具逐渐普及化。人们追求高品位生活的自由越来越明显、越来越广泛。但是，各国因战争消耗了大量的财力，这种自由的追求受到了不同程度的限制。

从20世纪起，坐具从追求复杂性转化为简单性，其上层社会的权力的象征意义逐渐减弱。当一件事物失去了原有的象征意义，它极有可能转化为其他象征符号。人们开始关注个人的存在、个人的价值和个人的权力。椅子与人的存在和人的价值有密切的关系。人的存在必然有一把属于自己的椅子。人不存在，他（她）的椅子也不存在。反过来说，椅子存在了，说明人也存在了。存在着的椅子的品质折射出其主人的品质。因此，现代人在椅子中寻找的不再是政治权力和财力的象征符号，而是历史、文化、思想、审美、品位、情趣等精神内涵。有的人喜欢传统的红木坐具，有的人喜欢极简主义坐具，有的人喜欢方便型坐具，有的人喜欢多功能坐具，有的人喜欢新概念坐具，有的人喜欢奇形怪状的坐具。因此，反过来说，现代的椅子有"权力"体现其主人的历史、文化、思想、审美、品位、情趣等精神内涵。似乎，椅子从政治权力和财力的象征框架里走出来以后，发狂般地递增它的存在形式、功能和造型。设计师用"名称"来强调的所谓的"椅子"也不再是传统定义中的椅子，而是"坐具"。从这一规律来看，没有政治权力和财力的象征符号的束缚，人类会更加自由开放，生活也会更加幸福和快乐。椅子的"权力"范围也越来越广泛。

三、艺术性和情感性的椅子

既然人类的椅子设计不再受权力和财力等象征符号的限制，人类的创造力便得到激发和解放。于是，从20世纪起，欧美国家的设计师们开始尝试把功能、情感与形式结合起来，创造出简约的几何化椅子和工业化椅子，利用工业技术为人类提供功能上的舒适和心理上的舒适。例如路德维希·密斯·凡德罗（Ludwig Mies Van der Rohe）设计的《巴塞罗那椅》，它以简单的结构和色彩来平复人们的心情，带来心理上的安慰，并以柔软的坐垫给人带来身体上的舒适感。这个时期的坐具以冷静（有时是冷漠）的色调为主。

自20世纪50年代起，在斯堪的纳维亚国家的设计实验潮流的带动下，其他欧美国家的设计师们也逐渐进行椅子设计实验，创造出各式各样的新型坐具，如高靠背椅子、半封闭球形椅、可以躺的坐具等。这些坐具的设计出发点是使用功能，内涵是情感功能，造型目标是艺术功能，即把功能、情感与艺术相结合。比20世纪上半叶的实验更进一步，在情感共鸣功能的基础上，出现了情感宣泄功能。例如，《妈妈》的设计师卡塔诺·佩斯（Gaetano Pesce）的设计初衷是让人们在使用这把坐具时，由女性丰富柔软的躯体造型和鲜艳的红色来刺激并导致使用者产生情感共鸣，从而消除男性对女性的偏见。虽然有此初衷，事实上，使用者，尤其是男性使用者却在使用的过程中难以控制男性对女性躯体的幻想、心理和生理反应，从而激起一定的性欲，个人欲望得到一定程度的释放和宣泄，在精神上得到一定的满足感。也有些设计师把使用功能与某种特殊治疗功能相结合，例如，半封闭的《球形椅》在提供相对独立和安静的空间时，也具有一定安慰功能和心理调节功能。随着人类的生活方式的多样化发展，人们在坐具中寻找的功能将越来越具有创造性，我们甚至可以大胆地想象，把椅子与多种情感生活细节联系起来，如聊天、放松、自我封闭、性爱等。

人们可以根据实际场合，选择相应的情感功能坐具。例如，人们可以在医院里放置具有安慰功能的坐具或者具有调节和鼓励功能的坐具，让病人得到心理安慰，鼓动他们保持乐观，与病魔做坚决斗争。人们可以在草地上放置具有相对独立空间的椅子，如球形椅子，让人在享受大自然的自由与美时，也能够安静地休息或者阅读。在幼儿园里，人们可以放置具有启发功能的坐具，例如文学型坐具（诗、词等）；操作型坐具（在扶手上安装特殊的装备，让幼儿在休息的同时可以动手操作，以提高动手能力和增长智慧）。

因为人在一天当中坐的时间很长，我们有必要思考，如何让人们在坐的同时可以在思想上得到教育、在身体和心理上得到调整和治疗。坐具的心理功能、教育功能和精神功能的研究非常有意义，有待设计师和医学专家共同探讨，并开发更具价值的坐具产品。

第二节 椅子的艺术语言

当艺术家把椅子和它所代表的具体的人物联系在一起后，就形成了面对面的联系。这些带有椅子的艺术作品意指不同的事物，它们围绕着本质主义和存在主义，有些作品对当下的文化现象提出批评，有些则牵涉到政治或者艺术问题。如：梵高把他和高更的形象转化为两把椅子，体现出两人不同的性格特征和价值观念。约瑟夫·博伊斯（Joseph Beuys）通过《油脂椅》叙述了他的个人遇险获救的经历，该作品是献给救死扶伤的村民的特殊敬礼，也是人生哲学的思考。安迪·沃霍尔（Andy Warhol）反复使用电刑椅来制作作品，构成二次广告，强调事态的严重性。恩佐·库奇（Enzo Cucchi）画了一把代表梵高的艺术地位的椅子，用来对表现主义和跨前卫艺术进行思考。

在艺术作品中，如果椅子没有与某个具体的人联系在一起，那么它可能意指所有人，质问人类的普遍现象，包括人类的生存环境、人类的评议逻辑、人类的存在及与人类有关的物体的存在问题等。在这条道上发展的艺术家包括马塞尔·杜尚（Marcel Duchamp）、默斯·肯宁汉（Merce Cunningham）、约瑟夫·科索斯（Joseph Kosuth）、陈箴、川俣正（Tadashi Kawamata）、希林·娜莎特（Shirin Neshat）、邵帆、艾未未等。这些艺术家用椅子创作了形式多样的艺术作品。如：杜尚的概念化椅子提出艺术与设计的关系问题。肯宁汉在舞蹈中使用的椅子被拟人化，给椅子赋予生命力。科索斯用椅子创造了一个概念化逻辑空间，用艺术形式思考语言逻辑问题。陈箴把椅子工具化，作为沟通工具、乐器等，向全世界人民呼吁人权、自由、平等、民主和公正。川俣正使用椅子塑造了多个具有佛教主义色彩的室外临时建筑艺术作品，传递博爱和集体的力量。娜莎特使用椅子建立了一个充满矛盾的空间，为伊朗妇女呼吁自由与平等权利。邵帆把新旧椅子重新组合起来，形成古老性与当代性对话空间。艾未未使用古代椅子来制作多个艺术作品，思考中国思想和文化所面临的问题。

值得指出的是，布鲁斯·纽曼（Bruce Nauman）用椅子塑造了不同种类的严峻的空间，他通过叙述真实的历史故事，引发观众对事态的思考和批评。

设计师-艺术家，如史蒂芬·韦沃卡（Stefan Wewerka）、奥利维尔·莫尔吉（Olivier Mourgue）、弗兰克·施赖纳（Frank Schreiner），更加倾向于思考设计问题，同时兼顾艺术思想的表达。他们质问设计、艺术、购买力、工业和消费等问题。

总而言之，椅子这一个媒介具有两种功能，一是物质功能，二是非物质功能。它已经被大量应用在艺术作品中，其中部分作品同时具有实用功能和艺术功能。

第三节 椅子的哲学

"所有事物都可进入艺术家的作品，我们要明白，形式与表现只是一个传达设计构思的工具。"①

一、椅子的"转化哲学"

椅子自身没有哲学可言,它的哲学建立在人的有意识的转化的基础之上。转化的内容包括:造型转化、功能转化、位置转化、使用者转化、形象转化、色彩转化、材料转化、结构转化、经济与物质转化等。通过转化某一事实(如造型、色彩等),可以说明、论证和演绎另一种事实(如身份、观念等)。我们暂时把这种哲学称为"椅子的转化哲学"。比如,有钱人花大量的金钱来制作结构复杂和装饰豪华的扶手椅;反过来,这些结构和装饰元素体现了主人的财力。这是经济与物质互相转化和互相体现的哲学。喜欢曲线的人把这种理念融入椅子的设计中,椅子的曲线美反过来体现主人的审美观念。这是观念与物质互相转化和互相体现的哲学。同样是家具,人们却极少把书柜作为身份象征的媒介而融入艺术作品中。椅子有此哲学内涵,是因为人们几乎每天都使用它,而且与它产生亲密的身体接触。更重要的是,人们坐在椅子上与其他人产生各种关系(对话关系),建立各种社会性的联系(职业关系、情感关系等)。

二、从使用功能到艺术媒介的转化

在前几章里,我们已经按照年代顺序谈论了历史上重要的椅子作品,它们都被赋予了双重功能:物质功能(坐)和非物质功能(象征)。这些椅子构成了中西方椅子演变的概括性历史线条,体现了一定的社会发展特点,因为椅子从未单独存在,它总是受到物质文化与非物质文化的影响,如材料、政治、政权、经济、科学、技术、等级观念、审美品位等。换言之,这些因素构成了推动椅子发展的重要动力。

艺术来源于生活,又反过来关注人类生活和服务于生活。椅子是人们在生活中经常使用的坐具,它来源于生活,我们把它融入作品中的目的是反过来对生活进行思考,把生活中出现的行为和思想升华到一定高度。人们的生活方式和思维方式多种多样,因此与生活相关的椅子也产生了多种多样的意义。具体地说,椅子在不同的环境里被使用或者展示,它便拥有(被赋予)不同意义。画家们用特定的形式把它画在一个特定的环境里,造型艺术家把它与其他物品联系在一起并安置在一个特定的空间里,雕塑家则把它改造成一个特定的形式并放置在一个特定的空间里展示。这些艺术行为的多样性,实质上反映了椅子内涵的多样性。比如梵高于1888年画了两把椅子,一把象征自己,一把象征他的画家朋友高更。1913年,杜尚用一张凳子来支撑倒立的旧单车轮,创作了一件特殊的雕塑作品。梵高和杜尚的例子说明,经过长时间的发展,椅子、凳子、板凳和扶手椅等家具不再仅限于生活上使用而具有了独特的艺术品位。事实上,它们确实成为当代艺术的重要的意义深刻的构成元素。

转化是把一件实用物品融入艺术作品中的前提条件,正如西尔维·科里耶(Sylvie Coëllier)说:

---

① [德]Alexander Brandt. 新艺术经典:世界当代艺术的创意与体现[M]. 吴宝康,译. 上海:上海文艺出版社,2011:234.

>"在日常生活中(安装一个洗涤槽、一个暖炉)犹如在展览中,安装这一行为意思是使物品适应于一个特定的环境。但是,从艺术装置的角度来看,只有当这些物品的组成部分强调、批评或者改变一个特殊的地点的意义时,而且这一个特殊的地点仅在作品被深刻地转化,甚至被摧毁时,才能进行自我交流;艺术装置才有可能被定性为处于正确的位置。"[1]

转化一把椅子的方式有多种,包括调整椅子的结构,调整椅子所处的地点(转换地点),砍切、重组、回收废弃的椅子,安装在另一个物体上,插入另一个物体里等。在现实中,这些肢体行为是人的意识对社会各种事态的反应。那么人对椅子所做的这些肢体行为有什么内涵呢?在使用和转化椅子的过程中能产生什么新的意义?

既然椅子曾经被某个人使用,这个人肯定(曾经)存在。因此,椅子的存在意味着其主人的存在,它可以证明和代表主人的存在这一个事实。但是,现在摆在我们面前的新问题是,为什么要转化椅子的结构?笔者认为,艺术家的这些肢体行为和反应的唯一目的是改变,与科里耶观察 21 世纪的艺术时说的"改变"不同。艺术家对曾经存在物体的改变,其前提是承认该物体及其所代表的内涵曾经存在,比如明清风格的椅子曾经在历史上存在过,是中国人的思想文化的物化结果。因此,这类椅子反过来可以代表特定时代的中国思想文化。假如一把古代椅子被一根木棍插入其中,造成其失去原有的实用功能和审美功能,则可视为艺术家想通过这种插入(植入、入侵)现象,来反映某种文化或者某种势力对我们过去的思维或者文化所造成的影响或者打击。如艾未未把明清风格的椅子搬到国外展览,通过改变椅子的存在地点来改变人们对它的认识,或者产生更加多样的认识。当艺术家把椅子和另外一个物体组合在一起,构成一个新的物体,其目的是让椅子的存在与另外一个存在进行直接对话,使它们之间带来更多样的理解与反应。

三、从人的权力到椅子的权力的转化

从物质生产和功能的角度来看,椅子不应该拥有人类所拥有的权力。因为,是人类制造了椅子,它仅仅是一个实用物品,没有生命和意义。但是,我们不应该忘记人类给椅子赋予了非物质层面的意义。一张王者的宝座、一把宗教椅子、一把明式椅子都被赋予了非物质价值。在某种情况下,非物质价值比物质价值更加重要。

不管是过去的生活还是当今的生活,有多少人以各种各样的方式,热情地追求一个属于自己的位置?这类追求甚至扩展到太空范围,对此,我们不应该感到惊奇。比如,各个强国花巨资进行太空领域实验和研究的目的是什么?毫无疑问,这类研究肯定与提升该国的世界地位有关。追求属于自己的位置是有理由的、合法的,是值得鼓励的。每一个人都应该关注自己的追求,否则人类的生活将失去意义。

一个位置原则上包含 3 个方面:(1)一把物质椅子提供一个现实或者视觉的位置。

---

[1] Sylvie Coëllier. Le montage dans les arts aux XXe et XXIe siècles [M]. Aix-en-Provence: Publication de l'Université de Provence, 2008: 215.

(2)一把非物质椅子,如一个职位,可以提供一个现实的不可视的位置。(3)一个空的而且现实的,能让人存在(坐、站)的地方。虽然这3个层面包含不可视性和非物质性,但是它们具有同一性,它们都与现实有关,没有虚拟性和虚构性。

因此,让我们回到现实中来。在职业生涯中,没有任何职位缺少座位。不管是知识分子还是工人,每一个人都至少有一个物质座位,用它来休息或者工作。从最高层的领导到最底层的群众,无一例外。国王拥有豪华的宝座,他可以坐在上面发号施令,处理国事;总统拥有舒适的座位,他可以坐在上面研究政府战略;教授拥有普通的中等的座位,他可以坐在上面做研究;商人拥有昂贵的座位,他可以坐在上面以炫耀他的财富;工人拥有普通的座位,他可以坐在上面休息一会儿或者坐着完成手中的工作;学生拥有一个座位,他可以坐在上面学习,为了以后能够拥有一个理想的"座位"。

因此,每一个人的座位应该与其身份相对应。一方面,一个工人在工作的过程中不会去坐国王的宝座;另一方面,国王在处理国事的时候也不大可能去坐工人的座位。从社会地位的角度来看,每一个人,包括婴儿和老人,被相对地限制在他们的座位上。如果这条规律被打破或者被颠覆,那就存在社会动乱的危险,这些动乱将会导致这样或者那样的社会问题。因此,每一个人都必须老老实实地坐在属于自己的位置上,不能乱。

然而,这条规律给我们提出了两个重要的问题,第一个问题指向人类:当面对属于他的座位时,人的权力在哪里?第二个问题牵涉到椅子本身:一把特定的椅子在一种特定的环境里是否具有某种权力,而这种权力反过来约束了人的行为?我们举一个例子来说明这个问题,总统办公室里的座位是总统身份的标签,那么这个座位是否反过来约束总统必须坐在该座位上,而非他处?

假设在某一个特殊的时刻,某位总统不坐在他的专属座位上,而是让另外一个非总统之人来坐。这时,坐在总统座位上的人显然与总统身份不一致。这种情况属于戏剧性的,它只存在于戏剧表演中。因此从物品拟人化的角度来看,或者从被拟人化了的物品角度来看,尤其是在艺术创作中,一个特定的座位在一特定的环境里有资格"授权"给相应的人来坐。此时,我们可以说椅子具有某种"权力"。

以上分析和推理把我们带到另一个问题上,这个问题牵涉到人的权力与座位的权力之间的关系。事实上,当我们在上文中思考座位的权力问题时,其答案已经被我们清晰地揭露了:两种权力互相呼应。也就是说,人坐在座位上的权力与该座位体现人的身份的权力应该是对等的。因此,某个宝座不可能体现某个工人的身份,普通的民众的椅子也不可能代表国王的身份。这种对等关系为当代艺术家提供了问题论的资源,他们也在艺术作品中使用椅子这一重要媒介来表达、解释、批评或者讽刺由某些个体或者集体因跨越了位置而引发的社会问题。

早期人类已经确定凳子、椅子、扶手椅和沙发等坐具的结构和定义,后人所创造的特殊的坐具,只能称为"坐具",一般不用"凳子""椅子""扶手椅""沙发"等名称。

19世纪下半叶,椅子的上层阶级的政治权力和财力的象征意义逐渐淡化,随之而来的是设计师和艺术家对大众椅子的探索,而两者走的方向截然不同:设计师思考如何设计出造型各异的新型坐具,他们走的是多样化路线;而艺术家却钟情于传统的坐具——普通的和朴实的坐具,他们利用椅子固有的象征内涵来表达某一事态。

椅子的上层社会的权力象征意义虽然淡化了，但是椅子的"权力"依然存在，因为每一个人，包括穷人和富人，都有一定的作为人的个人权力，这种权力与君主的政治权力完全不同。

一把椅子的"权力"是一种异化了的象征性的权力，只有当我们凝视椅子，并思考其存在与主人的存在之间的关系问题时，这种权力才进入我们的思维。使用椅子来创作艺术作品的过程既是赋予椅子某种代表意义或者表现意义的内涵的过程，也是把人的思想和权力异化到椅子上的过程。例如，某个艺术家有权力发表言论，他的专属椅子也应该可以被假设具有相同的权力。但是，椅子的发表言论的权力不会自己实现，必须由观众站立在椅子前面，让椅子面对这一观众"发表无声的言论"。这些言论的内容正是我们讲的作品的内涵、核心问题。

从内涵的角度来看，椅子的"权力"与主人的权力对应，椅子的"品质"与主人的品质对应，椅子的"审美价值"与主人的审美价值观对应。从功能的角度来看，椅子的"功能"与人的需求相对应。这些功能包括使用功能(坐、躺、靠、依、托、垫)、安慰功能(空间、造型和色彩等因素帮助人们调节心理)、教育功能(文字、图形、造型和色彩等因素启发思考，开发智力)、治疗功能(文字、图形、造型和色彩等因素促进人的机体功能和精神的恢复)、情感宣泄功能(造型、色彩、材料等因素帮助人们释放自己的情感和欲望)。

第二章 几何化设计

第一节 概 述

　　法国的新艺术运动时期(19世纪80年代),设计师和艺术家不再像以往一样直接再现自然形态,而是把自然形态简单化、抽象化和几何化。到19世纪90年代,这种趋势变得更加明显和强烈。从自然主义到几何主义的转变过程经历了30年左右,到20世纪初,这种转变基本完成。我们把20世纪初视为现代艺术的开端,而这些艺术的最大特点是几何化,我们不禁要问,几何化表现手法是走向现代艺术的必要手段吗?

　　欧洲新艺术运动时期,艺术家和设计师们试图以抽象化的方式简化自然事物形态。其具体操作方式包括抽象化、概括化、直线化和几何化,进而理顺自然事物之间的内在联系。抽象化是目标,概括化是抽象化的实施途径,概括化的形式是直线化和几何化。例如,把弧形的花朵外轮廓直线化或者几何图形化,通过这样的方式能概括性地表现花朵的结构,经过概括后的图形则变为抽象图形。

　　20世纪第一个10年,复杂的曲线和多重弧线的使用越来越少,设计师们在设计时倾向于在传统家具结构的基础上增加几何图形,如长方形、正方形、三角形、(半)圆形,以及在这些基本图形的基础上进行变形所得的图形。20世纪第二个10年,设计师干脆使用几何图形来概括一栋建筑或者一件家具。即,建筑或者家具是由各种几何图形(造型)部件构成的。

　　既然我们要在本章中谈论几何化设计,我们有必要从中国和西方几何学的发展根源来理解几何化设计的内涵。艺术家对于社会文化发展非常敏感,他们善于捕捉当代的文化现象,展现当代文化特征。而且在20世纪里,艺术对设计的影响比设计对艺术的影响要大一些。因此,在本章中,我们也观察艺术中的几何化现象,然后引出几何化设计。在这样的背景下,我们来观察美国建筑师和家具设计师弗兰克·劳埃德·赖特(Frank Lloyd Wright)的建筑和家具特点,以及建筑与家具之间的内在联系。然后再观察荷兰建筑师和家具设计师格里特·里特维尔德(Gerrit Rietveld)的建筑和家具特点,以及他关于建筑与家具的内在联系的观点。从这两位设计师的几何化设计中,我们领会到几何化设计的意义。

第二节 和谐的几何设计

　　几何图形的尖角和直线给人比较生硬的感觉,然而格里特·里特维尔德这位设计大师却用几何图形塑造一件件和谐的家具作品。里特维尔德比赖特更加干脆,他用各种几何图形(造型)来构成一栋建筑或者一件家具。在本节中,我们首先谈论里特维尔德的成长经历,包括家庭生活以及加入荷兰风格派对他的影响;然后分析他的设计作品的特点。

一、里特维尔德的设计理论根源

格里特·里特维尔德,生于乌德勒支(Utrecht),家具设计师和建筑师,他是风格派设计的代表人物,也是现代设计的先锋之一。他的几何风格设计成为荷兰现代设计的旗帜,他设计并建造了《施罗德房子》(Schröder house),该建筑于 2000 年被联合国教科文组织列为世界遗产地。接下来,本节将讨论他如何把风格派的设计原则运用在现代中,如何通过几何图形来演绎和谐的空间设计。

他 12 岁开始在父亲的木工店里工作。18 岁时,白天工作,晚上在一所美术学校里学习艺术。1917 年,他开设了自己的木工店。同年,他设计了一把扶手椅子,并把它涂成黑色。其靠背仅由一块加长的倾斜的长方形木板构成,坐板由一块长方形木板构成,坐板略微下陷,以让人的臀部感到更加舒适。扶手的两条支撑木由一块长方形横板固定住。显然,这把椅子创造了一个因为通透所以舒适的内空间。这样的设计理念应该是受到建筑的设计理念的影响(见图 2-1)。

图 2-1 格里特·里特维尔德,红蓝椅原型,1917

然而,这只是表面。如果我们把里特维尔德的椅子和霍夫曼的机器椅子放在一起进行对比,它们之间的联系便显现出来。里特维尔德的椅子是根据霍夫曼的机器椅演绎而来,变得更加抽象和简单。现在我们来看看从霍夫曼的椅子到里特维尔德的椅子的演变过程。图 2-2 中显示的便是霍夫曼的椅子。像窗户一样而且倾斜的靠背变成了一块倾斜的长方形木板，扶手的支撑栅栏变成了两支木条，支撑靠背的横木条被保留。扶手所构成的"D"字形变成了"C"字形。这样，支撑靠背的横木条被保留，有机和机械的结构变成一个小建筑造型。霍夫曼的椅子比里特维尔德的椅子显得更加牢固和更加精细。但是里特维尔德的椅子显得更加简单、更加开放。这种简单化又意味着什么呢？难倒是走向现代主义？

1923年，里特维尔德根据1917年的模型创作了一个新版本：《红蓝椅》（*Red and Blue Chair*）。这把椅子的色彩由3种基本颜色红黄蓝构成。从结构上看，侧面用于固定竖条的两块长方形木板被取消了，其他构件都被保留下来。从整体结构来看，虽然仅仅少两块木板，但是

图 2-2　约瑟夫·霍夫曼，机器椅，1905

红蓝椅的确比1917年的原型显得更加简练。新版椅子因为三原色的应用而显得更加有活力（见图 2-3、图 2-4）。这三种原色的应用自然是受蒙德里安的系列油画作品《构成》（*Composition*）的影响（这组绘画作品是荷兰风格派的绘画代表作）。

图 2-3　格里特·里特维尔德，红蓝椅原型，1917

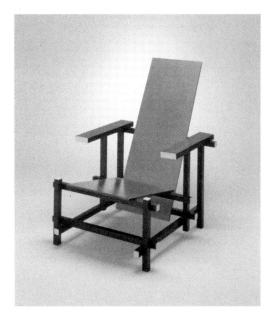

图 2-4　格里特·里特维尔德，红蓝椅，1923

荷兰风格派的成立是欧洲的政治环境所促成的，当时因为第一次世界大战的爆发，欧洲许多艺术家跑到中立国荷兰。① 在这个与外界隔绝的国度里，艺术家们想在荷兰文化的基础上创造一种新的艺术风格。风格派的发起人是提奥·凡·杜斯伯格（Theo van Doesburg），他于1917年离开军队，开始实现他的梦想：创办《风格派》杂志。这本杂志的目标是在艺术、建筑和设计之间建立一座桥梁。杜斯伯格鼓励其他拥有相同哲学思想、追求抽象艺术和简单艺术的人，以及对数学感兴趣的人，加入风格派。风格派艺术家反对巴洛克艺术和印象主义，反对曲线和具象艺术，反对感情的表达；主张几何主义和对称艺术；推崇一种最客观最自主的语言；采用3种基本原色，或者非色彩；追求清晰性、肯定性和秩序感。对于他们来说，抛弃历史主义是创造新艺术种类的唯一前提条件。② 因此，他们的作品不再是再现性的，而是彻底把事物演绎成横向与纵向几何图形秩序。

风格派在欧洲不断扩散它的影响力，包括苏维埃。1921年，杜斯伯格把风格派的艺术思想带到包豪斯学校，马塞尔·布劳耶（Marcel Breuer）对此非常感兴趣，并将这种艺术观念融入他的设计中。③

在风格派运动发展的时候，欧洲同时还盛行其他几种现代主义运动，如俄国的构成主义（1917—1924）、德国的新建筑和设计运动（1904—1933）。与这些运动相比，风格派运动的影响力比较大。④ 20世纪20年代末，杜斯伯格追求简单的几何结构和新的国际主义。与此同时，包豪斯的成员们也有相同的追求。杜斯伯格的思想深深地影响到20世纪的艺术、建筑和设计。

二、和谐的几何空间

1923年，里特维尔德受画家维尔莫斯·胡萨尔（Vilmos Huszar）的邀请，为柏林展览设计场馆，展览的主题是"空间构成"，《柏林椅》是此次展览空间设计作品之一。里特维尔德在之后的生活中经常使用该款椅子。这似乎是一件雕塑作品，或者一件微型建筑作品，供人从各个角度欣赏（见图2-5）。

在这款椅子里，里特维尔德采用错位设计方法（错位是相对于传统制作方法而言的）。我们把传统做法与里特维尔德的新方法进行一一对比，发现了有趣的现象：①靠背和坐板的关系：传统中，靠背和坐板的衔接要完全吻合，而里特维尔德却把坐板往右边错位。②左右扶手的关系：传统中，左右扶手应该规格一致，衔接位置一致，高度一致，而柏林椅的左扶手较宽大，右扶手较窄小，左扶手纵向安装，而右扶手却横向安装。③前左右腿的关系：传统中，左右腿应该规格一致，左右对称；而《柏林椅》的前

---

① Anne Bony. Le design[M]. Paris：La Rousse，2004：49.
② [美]莱斯利·皮娜. 家具史：公元前3000—2000年[M]. 吕九芳，吴智慧，等，译. 北京：中国林业出版社，2014：222.
③ [美]莱斯利·皮娜. 家具史：公元前3000—2000年[M]. 吕九芳，吴智慧，等，译. 北京：中国林业出版社，2014：222.
④ 王受之. 世界现代设计史[M]. 北京：中国青年出版社，2013：131.

左腿是一根方形木条，前右腿是一块较宽大的长方形木板。④后腿与靠背的关系：传统中，椅子有两根后腿，且左右对称与平行，而《柏林椅》的靠背和两根后腿仅由一块长方形木板来体现。我们也可以说，里特维尔德把靠背和两根后腿概括成一个长方形，这个长方形由一块长方形木板来表现。在此，我们有必要强调，我们不能说里特维尔德用一根长方形木板来代替靠背和两根后腿，这种说法忽略了设计师的"设计事实"，不符合事实。

这款椅子具有一个重要特征：朴实。具体而言，在三个方面：第一，材料朴实。设计师没有使用高级木料。第二，制作工艺朴实。设计师没有采用高难度制造工艺，没有任何精细的雕刻和图案。所以，任何人都可以尝试制作这样的椅子。第三，色彩朴实。设计师仅用黑、白、灰三种最朴素的色彩。据澳大利亚堪培拉国家展览馆的策展人罗伯特·贝尔（Robert Bell）介绍，里特维尔德信奉民主设计理念。他认为家具应该是民主的、简单的、干净利落的、有使用功能的、不炫耀的、没有身份象征意义的用品。《柏林椅》完美地体现了以上这些品质。简单地说，《柏林椅》的民主性表现在简单性和功能性两方面。大众的经济水平较低，购买能力有限，这在一定程度上决定了大众的需求趋向简单化，趋向经济型设计。

图 2-5　格里特·里特维尔德，柏林椅，1923

这款椅子除了具有物质性（功能性）外，还具有精神性，主要表现为思想性和心理治疗功能。其中，思想性是指椅子的色彩搭配和简单而错位的结构能够启发观者或使用者进行联想、想象和思考。思考的内容因人而异。心理治疗功能是建立在思想性的基础之上，也就是说《柏林椅》的独特的色彩和结构所表现出来的朴实品质和思想内涵吸引了观者或使用者，让人不由自主地进入设计师所创造出来的艺术空间和思想空间里，从而暂时远离日常生活中的种种困扰，让人得到一定的心理安慰。此外，作品的"简单性"和"朴实性"也给人以"简单化"和"朴实化"的心理暗示，即把繁杂的日常生活"简单化"和"朴实化"，让生活也成为一个简单而有序的整体。堪培拉国家展览馆的策展人贝尔也说，他可以从其他作品的前面走过而不必看这些作品，但是每一次走过《柏林椅》的前面时，他总是不由自主地停留下来看它一会儿，暂时从生活的困扰中走出来。

然而"简单性"并不能够准确地表述《柏林椅》的结构，"简单性"仅仅是表面的感觉、肤浅的认识、片面的理解。从表面上看，它的结构确实简单，如果我们从设计师的细致安排来看，这个结构却是复杂的，它非常考究，看似无意，却是有意而为之。我们在分析椅子的结构时已经提到，椅子的每一个构件都不同。在传统的做法里，本来部件应该是对称和一致的，在《柏林椅》上却没有采用这种手法，构件的结构没有统一性，但是每一个构件所构成的整体却十分和谐，而且还形成了一定的节奏感，包括三维空间感、轻重感、虚实感。客观地说，《柏林椅》的设计理念、设计过程和设计思考是复杂的，这些复杂工作的目的是制造简单的视觉效果。当观者或使用者也深入分析椅子的结构之后，也很可能意识到《柏林椅》的结构的复杂性。我们提出一个假设，假如里特维尔德以传统的对称方式把简单的构件组合起来，这个作品将会比较呆板，缺少活力、内涵和思考空间。

在里特维尔德设计的椅子当中，《锯齿形椅》的结构最抽象、概括性最强，也是最容易收纳的椅子。这把椅子看似脆弱，实则坚固耐用（见图2-6）。因为设计师在设计中巧妙地运用了力学原理。他在"Z"字形的两个转折处都用插孔的方法，即在两块板的衔接位凿开两排孔，三角位置添加的木条也开一排孔，每个孔都注入胶水，插上木钉，然后把两块木板拼合起来。这样，"Z"字形的结构十分牢固，具有足够的力量来支撑人体的重量。新的制造技术与传统技术完全不同，当时不少设计师和木工极力反对这种违反传统的做法，但是里特维尔德辩解说，不用传统做法，其目的是不让板条椅子受损。自1935年起，人们纷纷开始制作板条椅子，里特维尔德的板条椅开始受到社会的认可和喜欢，梅茨公司开始生产这款椅子，销售情况非常好。

这把椅子的高度抽象性或者概括性表现在两方面：第一是设计师把4条腿概括成一个长方形和一个正方形，并把这两个形状拼成一个"L"字形；第二是设计师把靠背、坐板和"腿脚"部分拼成一个流畅的具有4个转折的形体。

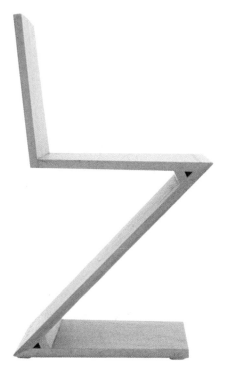

图2-6　格里特·里特维尔德，锯齿形椅，1934

影响里特维尔德的《锯齿形椅》设计的因素有以下三个：第一是美国建筑师和家具设计师弗兰克·劳埃德·赖特的设计理念；第二是立体主义艺术思想；第三个因素，也是最重要的因素，是风格派的简单、抽象和概括的艺术表现手法。

里特维尔德的建筑和家具设计追随着风格派的艺术原则：创造新风格。红蓝椅似乎是蒙德里安的三原色绘画艺术的再现。蒙德里安在其绘画作品中，用黑色线条构成不同大小的框架，每一个框架包含其中一种基本颜色。这些黑色的线条在里特维尔德的椅子里变成各种黑色木条，构成不同规格的框架。这些框架支撑着椅子的重要部分："红"靠背和"蓝"坐板。设计师对于这两个部分的强调也体现在椅子的名称里；蒙德里安的三原色绘画作品中最亮丽的部分是红色，同样，里特维尔德的《红蓝椅》中最亮丽的部分也是红色的靠背。

《红蓝椅》是里特维尔德的设计思想的具体化。他认为,生活是艺术与设计的统一体。艺术被引入设计中,设计完善了建筑,也美化了生活。因此,当里特维尔德把蒙德里安的绘画精神融入实用椅子里,我们可以说艺术确实与设计融合了。从功能和审美角度来看,我们可以说红蓝椅是一把可以用来坐,同时也是用来欣赏的三维艺术作品。家具和建筑都离不开艺术。里特维尔德于1924年设计并建设了施罗德房子,它是风格派艺术与现代设计相融合的结晶(见图2-7)。

图2-7　格里特·里特维尔德,施罗德房子,1924

根据法国历史学家安妮·波尼(Anne Bony)的说法,红蓝椅无疑是一件巧妙的作品①,因为它具有纯立体主义精神②。红蓝椅是巧妙的立体主义作品,因为它同时建立在两个艺术潮流之上。1907—1914年之间在法国发展起来的立体主义,1917—1920年立体主义重新被追捧。20世纪初在苏维埃发展起来的构成主义,这一艺术潮流成为1917—1921年间苏维埃革命的官方主流艺术。

美国设计师赖特的建筑和家具设计理念受到立体主义的影响,并形成自己的设计风格。他的观念在20世纪早期已经在欧洲传播开来③,产生了广泛的影响,尤其是德国和荷兰。里特维尔德自然受到赖特的设计观念的影响,并把它们结合在一起,形成了自己的风格。尼古拉斯·佩夫斯纳(Nikolaus Pevsner)认为,1914年格罗皮乌斯在科龙展

---

① Anne Bony. Le design[M]. Paris: La Rousse, 2004: 49.
② Anne Bony. Le design[M]. Paris: La Rousse, 2004: 49.
③ Nikolaus Pevsner. Les sources de l'architecture moderne et du design[M]. Paris: Thames et Hudson, 1993: 183.

览的厂房灵感来源于赖特的观念。① 1915年，荷兰的罗伯特·凡特·霍夫(Robert Van't Hoff)的房子的灵感来源也相同。在赖特的建筑里，内部与外部的沟通一直敞开着。也就是说，内部空间并不完全封闭和私人化，有一种媒介指引人的视线从一个空间转向另一个空间。通常这一媒介是一个走廊、一扇窗户或者一面不封闭的墙壁，有时是一面透明的墙或者镂空的墙，有时是一件家具。赖特的建筑内部空间实质上是一个有机体，里特维尔德的红蓝椅和它的原型也是一个有机体。这种有机体让人感觉内空间向外空间打开，以便"纳气"进来。气息是人体必不可少的元素，没有它，生命将不能延续；建筑和家具也需要气息，没有它，便失去活力。

里特维尔德认为他的设计是"空间创造"，也就是说，在空间里设计一件雕塑作品。对于他来说，《红蓝椅》更像是一件艺术作品，而不是一般的设计产品。他的空间设计理念在家具和建筑设计里表现非常出色，具有创新性，这是人们把他的设计誉为荷兰的标志性设计的原因之一。

第三节　几何主义设计的人文根源

几何学的发展与艺术和设计的发展有一定的内在联系。几何学为艺术与设计者提供了科学依据，艺术与设计是几何学的实际应用价值和美学价值的表现形式。例如，埃及金字塔建筑是埃及的几何学应用水平和几何美学的体现。在本节中，我们首先回顾西方几何学的发展根源和中国几何学的发展根源，然后观察19世纪末到20世纪20年代，艺术中的几何化表现趋势。

一、几何主义设计的历史根源

公元前4000年左右，尼罗河的河水经常泛滥，把两岸的农作物淹没了，当水退去之后，原先的土地界限不再分明，埃及人不得不在每次的水灾后重新测量土地。在劳动的过程中，埃及人不断积累测量土地的经验，形成几何学的初步知识。早期的几何学是有关长度、角度、面积和体积的经验性定律的收集。埃及的几何学知识还运用在其他领域，如建筑、天文、地理等方面。埃及的金字塔建筑便是最有说服力的证据之一，它说明当时的埃及人已经创造出了测算锥台(截头金字塔)的体积的正确公式。此外，埃及人还从各种事物中抽象出多种几何图形，并且运用在服装和器物中，即作为装饰图案来运用。另外，在埃及的艺术品中，包括壁画和日常生活使用的器物，埃及人常用直线把事物分割成多个几何图形，在表现柔美的女性身体和衣物时，也用这种概括性很强的表现手法。

后来希腊人与埃及人通商，有机会向埃及人学习测量方法，并不断提高几何知识水平，逐步形成了一门完整的几何学科。公元前338年，希腊数学家欧几里得(Euclid)把埃及和希腊前人所积累下来的几何经验和知识进行总结和整理，写出了著名的数学著

---

① Nikolaus Pevsner. Les sources de l'architecture moderne et du design [M]. Paris: Thames et Hudson, 1993: 187.

作——《几何原本》。几何是研究空间结构及性质的一门科学，它是数学中最基本的研究内容之一。当时，欧几里得把这门学科定义为 Γεωμετρία（希腊语），指测地术（土地的测量）。拉丁语把它译为 geometria，英语用 geometry，法语用 géométrie。后来，希腊人也在器物的图案中运用几何图形，或者几何化图形。

事实上，在中国的仰韶文化时期，人们已经开始在器物上运用几何图形，比如碗。中国几何学的问世时间与西方的时间相差无几，甚至更早。例如，表现在生活器物的装饰中，有陕西西安出土的"鱼纹盆"。在彩陶器上，出现了点、线、面的构成方式。可惜的是，当时人类还没有文字可以记载这段数学历史。到青铜时代（夏、商、周），墨翟撰写了《墨经》，在该著作中，出现了几何学理论的雏形，把"圆"定义为：一中同长也。即从圆心到圆周上的任何一点距离相等。这比欧几里得的著作早了100年。该时期的几何图形的运用比以往更加普遍，在礼器上表现得尤为明显。人们采用复杂多变的几何图形构成抽象的图案，具有很浓厚的宗教色彩。几何学知识在明式家具中也颇为讲究，采用"方"和"圆"的和谐搭配方法。

从1606年开始，来到中国传教的意大利耶稣会教士利玛窦和受洗加入天主教的中国明代科学家、政治家、翻译家和数学家徐光启（1562—1633）共同翻译了古希腊数学家欧几里得的著作《几何原本》。"geo"被音译为"ji ho"，而汉字中的"几何"本身也是"衡量大小"的意思。因此，徐光启把外来词的音和义与汉字的音和义完美地结合，创造了"几何"这个词。几何学中最基本的术语如点、线、直线、平行线、角、三角形和四边形等中文译名都这个译本定来的，而且还传到日本和韩国等采用汉字的国家。越南语则用独自翻译的越制汉语："形学"。"形学"也能体现出几何学的研究范围。20世纪初，"几何"这个术语开始在中国普遍运用。

二、几何主义设计的现代艺术根源

欧洲文艺复兴时期的画家们在绘画中运用透视原理，以表现远近、大小、高低、左右和虚实关系。由于透视原理与几何学有着密切的联系，画家们常常把事物概括成多个不同形态的几何图形或者几何体。当绘画作品完成时，原先用来概括事物的几何图形被全部覆盖。这就是说，当时，几何学原理被当成方法论来运用。但是到20世纪最初的10年，艺术家、画家和设计师则直接把几何图形展示在作品中。当时的艺术运动有立体主义、达达主义、构成主义（英：constructivism，法：constructivisme）和至上主义（英：suprematism，法：suprématisme），艺术家在艺术作品中运用简单的几何造型来表现某种内容和情感。

古斯塔夫·克林姆特（Gustav Klimt）从1905年起便开始在绘画作品中把人物造型几何化。他于1907—1908年创作的作品《吻》便是最典型的例子。他的作品具有抒情性，但是装饰性显得更为强烈，为立体主义打下了基础。

立体主义绘画的代表人物是保罗·毕加索（Pablo Picasso）和乔治·布拉克（Geoges Braque）。毕加索于1907年创作绘画作品《亚威农的少女》，在作品中，他不再关注色彩，色彩变化甚少，几乎是平涂。他更加关注人物的形体，他把女人体理解成由多个几何大块面构成的有机整体。在1911—1912年间，他创作了题为《我的美人》的绘画作品

（现藏于美国现代艺术博物馆）。在作品中，人物和景物都被几何化处理了，事物的形体已经完全失去真实性，整个画面只有各种形态的几何块面，几何化的情感比以往更加强烈。

达达主义的先锋是马塞尔·杜尚。他认为生活就是艺术，艺术也是生活，因此，人人都是艺术家。他喜欢下国际象棋，国际象棋的棋盘便是由多个黑白方格构成。他在1911年创作的绘画作品《下楼的裸女一号》中，把人物和景物几何化了，以此来表现运动中的事物。由此，该作品也被称为运动艺术的著作作品。达达派艺术家企图否定一切存在的事实，以破坏的方式来创造新事物。杜尚以几何化的方式把人物的原型完全破坏掉了，从而创造出新的艺术形象。可是，这个新形象与人物原型已经没有直接联系，这意味着连人物的存在事实也被否定了，这便是典型的虚无主义思想。

卡奇米尔·马列维奇（Kazimir Malevich）、皮埃·蒙德里安（Piet Mondrian）和瓦西里·康定斯基（Wassily Kandinsky）三位艺术家受立体主义的影响，使用抽象的图形语言，在透视表现技法方面显露出极强的艺术个性特征。由此，提出了一种新的问题论：在平面中追求透视效果。这无疑是向今天依然沿用的传统透视法提出挑战。在这三位艺术家的作品中，几何色块既能表现远近虚实的透视效果，也能表现轻重厚薄的质量感觉。这些几何图形还能产生一定的节奏感，甚至有人还能在这类作品中体会到音乐的韵律感。这些艺术家引领了构成主义艺术的发展。

马列维奇于1912年创作了作品《刀磨机》（The Knifegrinder）。他把刀磨机理解成由无数个几何图形构成的整体，画面也产生了一定的运动感觉，似乎一个磨刀人正在磨刀。他于1913年创作绘画作品《米哈伊尔·马图吉钦的肖像》（Portrait of Mikhail Matjuschin），人物形象完全消失，仅有厚重的几何色块，这些色块似乎是人物肖像被"彻底破坏"后所留下的痕迹。这与虚无主义思想也有一定的联系，它否定了人的存在历史，否定了艺术史的存在，否定了具象艺术，唯有现在的"我"最真实。他的第一幅至上主义绘画作品是《白底上的黑色正方形》，于1915年展出。1918年，他展出另外一件作品《白底上的白色正方形》。这件作品是白色调，几乎没有色彩出现，一切皆空白。画家想强调的是画面中心的倾斜的白色正方形。画中的正方形与正方形画框进行"对话"，是方框与方框中的方框的交流。

此外，还有其他构成主义和至上主义艺术家，包括保罗·克利（Paul Klee）、索尼亚·德劳内（Sonia Delaunay）、罗伯特·德劳内（Robert Delaunay）、约瑟夫·阿伯斯（Joseph Albers）、奥托·弗伦德里希（Otto Freundlich）、奥古斯特·赫尔宾（Auguste Herbin）、吉恩·赫里翁（Jean Helion）、马克·罗斯科（Marc Rothko）、维克托·瓦萨雷（Victor Vasarely）等。

不管是达达主义、立体主义、构成主义，还是至上主义，相关的艺术家、画家都曾采用几何造型（形式）来表现事物。在新艺术时期，艺术家和画家们已经把自然进行一定的简化和抽象化，使艺术与自然景物区别开来，20世纪早期的艺术家们则干脆把自然概括成各种几何形体。难道几何化是走向现代艺术的必要手段？几何化表现手法是一种创新的手法吗？我们可以回顾一下几何学的历史。

结　　语

　　几何化设计潮流说明了三个问题：第一，当代人类越来越喜欢简单而有规律和节奏感的设计。第二，设计师比以往更加理性、严谨、洒脱和自由。第三，几何化设计的目标是经济、实用、美观。例如，赖特和里特维尔德是几何化设计的代表人物，他们用较生硬的几何造型构建了和谐的空间。

　　里特维尔德的《红蓝椅》同时包含了立体主义、构成主义和风格派所提倡的观念。他的建筑和家具一样，各个部件紧密联系，构成了有机整体。蒙德里安的三原色绘画理论给《红蓝椅》带来了特殊艺术效果，这是艺术融入设计和生活的体现。里德维尔德不仅关注内空间的结构问题，也关注内空间与外空间的沟通问题，把中国的"纳气"理念融入建筑与家具设计中，把建筑和家具当做一个有生命的整体，即有机体，使得建筑与家具都具有活力和灵气。

第三章 工业化椅子

1851年，在英国伦敦举办的国际博览会是工业发展的总结大会，欧洲的美学家们却认为机器生产出来的产品缺少美学价值，于是他们想通过工艺美术运动来解决这一问题。可是，问题依然没有得到解决，因为他们往回看，求助于中世纪艺术，忽视了当代普通民众的实际需求和购买力。19世纪90年代发起的新艺术运动不断求新求变，通过简化产品的结构和装饰因素，降低了产品的材料成本、加工生产成本和劳动力成本，从而降低了产品的价格。但是新艺术产品依然是上层阶级的专利，普通百姓只能买得起粗糙的工业产品。"一战"结束后，参战的欧洲国家进行家园重建工作，由于资料和经济水平的限制，这个时期的人民精打细算，尽量用最少的材料来创造最实用的功能，同时又具有美学价值。他们认为美好的生活不再是上层社会的专利，普通百姓也有权利享受富足和舒适的生活。这便出现了极简主义，它的目标是满足功能和美学的需求。极简主义设计师的工作理念是把功能和装饰化为一体。例如，一扇窗既有使用功能，同时也是房子的构成和装饰因素。

在这样的时代背景下，1925年包豪斯学院的马塞尔·布劳耶设计制作了一把椅子，起名为"瓦西里扶手椅"，他采用钢管制作椅子的支撑结构，第一次把钢管与布料这一刚一柔的材料完美地结合在一起，非常和谐。这一作品激起了同时代的家具设计师的创作热情，他们纷纷采用钢管制作椅子的支撑结构，用皮料制作椅子的坐垫、扶手和靠背。钢管轻盈而坚固，皮料柔韧而舒适。这些设计师包括包豪斯的路德维希·密斯·凡德罗和瑞士籍法国建筑师和家具设计师勒·柯布西耶(Le Corbusier)。从设计史的角度来看，《瓦西里的扶手椅》是现代钢管家具的先锋，从包豪斯学院的教育角度来看，它是包豪斯学院现代设计教育的成功的力证。布劳耶的职业成长过程与包豪斯学院的发展过程同步，是个体与整体的关系。因此，在本章中，我们首先通过布劳耶在包豪斯学院的成长过程来说明该校的教育的特色，然后再谈论勒·柯布西耶的钢管椅子，他的例子可以反映包豪斯学院以外的设计发展状况。

第一节 现代钢管椅子的先锋

一所学校的教育理念、课程设置、师资力量决定了该校学生的发展方向和发展水平。在本节中，我们首先从包豪斯在办学过程中所表现出来的精神品质来论证该校学生的精神品质(其中包括包豪斯人的坚强毅力和创新精神)。然后了解布劳耶的学习过程和设计成果，他的职业成就可以折射出包豪斯学院的教育特色，以及由这种特色带来的具有广泛国际社会意义的教育成果。

一、包豪斯精神

在政治革命的限制下，包豪斯学院（Bauhaus）在艺术、设计和建筑领域的改革显得步履维艰，但是它的艺术革命精神和政治革命精神却使它在困难面前变得更加坚强，从而为现代主义艺术和设计教育奠定了基础。

包豪斯的根源可以追溯到魏玛工艺美术学校，这所学校由亨利·凡·德·威尔德（Henry Van de Velde）设计、建设和管理。1914年，因为当地社会出现一股仇视和排斥外国人的势力，威尔德放弃了对学校的管理。① 他同时请求格罗皮乌斯（Walter Gropius）、赫曼·奥布利斯特（Hermann Obrist）、奥古斯特·恩德尔（August Endell）来继任他的校长职位。1915年，格罗皮乌斯回应他并选择这个职位。

1919年，格罗皮乌斯把工艺美术学校改为包豪斯。既然学院受国家资助而得以建立，这所公立学院自然受到国家的管制，它将会面临许多与政治有关的问题，因为"一战"后的政局并不太稳定。政治和社会的不稳定性可以导致许多问题，从而限制各行各业的发展。事实上，由于魏玛的新左派政府的政治限制，学院的师生们感觉生活在恐慌中，无益于学院的发展。因此，格罗皮乌斯认为学院正在无谓地浪费时间②，包豪斯仅在那里办学到1925年。

庆幸的是，包豪斯已经在办学初期的几年里获得了社会好评，所以，它受到几座城市同时邀请去当地办学。德绍市（Dessau）给出的丰厚且具有长期性的条件似乎更加吸引包豪斯，德绍的当地政府是社会民主党派，学院可以得到弗里茨·赫斯（Fritz Hesse）的庇护。而且德绍的政治背景、交通条件以及工业发展势头都对学院的发展有利，格罗皮乌斯和学院的大师们决定迁址到那里继续办学。在德绍，一切都变了，大师们转身变成教授；教学体系更加严谨和科学。1927年，学院建立了建筑工作室，由汉斯·迈耶（Hannes Meyer）领导，他带领学院的建筑设计走向新时代。

然而，纳粹政府视包豪斯学院为知识分子的共产主义中心，于是对包豪斯施加压力，学院被迫于1932年迁移到柏林，并在那里办学1年，于1933年正式关闭。1937年，它在美国重生，被称为新包豪斯学院，这所学院由芝加哥艺术与工业联合会建立，并邀请原德国包豪斯教授莫霍利·纳吉（Moholy Nagy）来领导。

面对政治力量的冲击，包豪斯也未能幸免。它的演变历史（1919—1933）和魏玛的演变历史（1918—1933）正好同步，具有相同的命运。在历史的演变过程中，包豪斯人磨炼出坚强的抵抗能力和生存能力，为世界现代设计教育的发展奠定基础。这种坚强的精神集中体现在马塞尔·布劳耶的身上。布劳耶是包豪斯的学生，毕业后留校任教，负责木工工作室。他所取得的设计成果体现了包豪斯学院的现代设计教育的成果。1921年，他设计了一把特别的椅子，称为《非洲椅》。

从名称可知这把奇异的椅子的灵感来源于非洲艺术。布劳耶与纺织工作室的学生古塔·圣奥尔多（Gunta Stölzl）合作设计了这把椅子。靠背是一张纺织布料。与普通椅子不

---

① Magdalena Droste. Archive[M]. Cologne：Taschen，2012：16.
② 王受之. 世界现代设计史[M]，北京：中国青年出版社，2013：158.

同，靠背有一根中央柱，它把横条和坐板连接起来，形成第五条腿，起到加固的作用。这条中央柱的顶部超出编织布，露出的部分犹如人体的头部。两条后腿向上延长，并在高处交叉成"X"字形，犹如人的双手交叉。这些人性化的元素正是这把椅子暗藏的魅力，虽然不容易被发现，但它又存在着（见图3-1）。

现在我回过头来看看威廉·莫里斯（William Morris）从1857至1858年设计的中世纪哥特风格的椅子。这两把椅子俨然像两座微型哥特建筑。高高的靠背上画有宗教历史场景，靠背顶部有3支超长木条，它们向前弯曲，犹如哥特教堂建筑的尖顶。坐板、腿部和横条等构件都极像哥特建筑主体（见图3-2）。莫里斯和布劳耶设计了这几把椅子都带有高耸的靠背，而且都具有浓厚的装饰色彩，包括哥特艺术和非洲艺术风格，目的是在家具中表现一种人们在此领域中还未发现的美。虽然莫里斯倾向中世纪艺术，而布劳耶把目光投向非洲艺术，但是他们都走同一条路，那就是工艺美术运动。

图3-1 马塞尔·布劳耶，非洲椅，1921　　图3-2 威廉·莫里斯，中世纪的椅子，1857—1858

1920年来到包豪斯之后，布劳耶跟随乔安尼斯·伊顿（Joannes Itten）学习形式课程。从1921年起，格罗皮乌斯负责木工工作室，他非常欣赏布劳耶的才华。在他的激励和影响下，布劳耶的创造能力开始爆发出来。在格罗皮乌斯建立的理论与方法论框架下，布劳耶设计了不少家具。但是，在入学头两年内，他的家具风格还保留较浓厚的古典主义色彩，甚至是保守主义色彩。因为，包豪斯学院最初依然秉承工艺美术运动的宗旨，主张培养古典主义风格的手工艺徒弟。

二、布劳耶与包豪斯教育

（一）包豪斯的教育理念

包豪斯建立了一套科学的现代设计教育体系，基础教学由3个部分组成：平面和立体结构课程、材料课程和色彩课程。今天，这个体系仍然在艺术院校中使用。在格罗皮乌斯起草的《包豪斯宣言》里有一句话可以表现包豪斯人的雄心："所有创造活动的最终目标是建设！"①设计的目的是建设未来，建设新的经济体、新的社会。但是如何建设？用什么来建设？格罗皮乌斯认为，首先是靠教育来建设。

包豪斯的教授们努力培养他们的学生，希望学生们能够推动艺术、设计和建筑的发展。我们尝试从学生成长的角度来认识包豪斯的教育。古塔·圣奥尔多（Gunta Stölzl）从1914年到1916年在慕尼黑装饰艺术学校学习，并于1916年到1918年在一所医院里工作。1918年到1919年再次回到慕尼黑装饰艺术学校重拾她的学业。包豪斯于1919年开学，为了体现社会公平，除招收男学员外，也招收勤学的女学员。格罗皮乌斯原计划男生比女生多两倍，但是结果却出乎意料——男女学员数量一致。②此外，包豪斯非常重视学员个人的发展，不断进行教学探讨，寻找更合适的教学方案，并购买学员们的好方案进行开发③，学员因此受到极大的鼓舞。古塔·圣奥尔多于1925年毕业，直接被包豪斯聘为教师。

在教师队伍中，伊顿（Itten）的教育思想对包豪斯的教育发展产生过深刻的影响。他开设了重要的预备课程。根据《包豪斯文献》记载，"节奏"是课程的中心，这些课程的3个重点是：材料与自然的学习、分析大师的作品、人体的学习。④

但是，政府的经济资助问题拖延了包豪斯工作室的建设，其教育也因此受到影响。在发展初期，教育确实很难开展。1920年，包豪斯大师议会提出一些重要的教育改革措施。第一个改革方案提议造型教学和技术工作室教学的互相交替、互相渗透。第二个改革方案提出有必要安排两位教授来指导一位学员。这些措施很合适，因为"没有一个手工艺人有足够的创造力来解决艺术问题，也没有一个艺术家掌握足够的技术像工作室主任那样熟练地工作。首先，有必要培养具有两方面品质的新一代人才"⑤，格罗皮乌斯说。

在发展初期，几乎所有工作室都受到伊顿的影响，因为他负责所有工作室的公共课程，即，造型课程。

（二）包豪斯提出的问题

在教学实验研究的过程中，包豪斯提出的问题对我们今天的教学研究有一定的帮

---

① Magdalena droste. Bauhaus, Archive[M]. Cologne：Taschen, 2012：22.
② Magdalena droste. Bauhaus, Archive[M]. Cologne：Taschen, 2012：40.
③ Magdalena droste. Bauhaus, Archive[M]. Cologne：Taschen, 2012：37.
④ Magdalena droste. Bauhaus, Archive[M]. Cologne：Taschen, 2012：25.
⑤ Magdalena droste. Bauhaus, Archive[M]. Cologne：Taschen, 2012：36.

助。它向艺术与设计传统提出挑战，并因此对20世纪的艺术、设计和建筑同时作出了贡献。这些问题包括：怎样开展艺术与设计教育？我们能否教艺术与设计？德国工业联盟经常呼吁的最好的本质是什么？建筑对居住其中的人类产生什么影响？现代设计教育的体系是什么？设计的目标是什么？设计可以向社会提供什么功能和效果？设计师最基本的技能是什么？[①]

除了包豪斯，没有一所艺术学校能同时标记20世纪现代设计、造型艺术、现代音乐和现代舞蹈的起点。毫无疑问，包豪斯具有丰富的艺术与设计学术资源，我们可以在身上寻找研究方法和创造观念。正是在这个教育摇篮里，马塞尔·布劳耶能够在他的家具设计方面找到出路，远离1921年制作的具有工艺美术风格的《非洲椅》，开启现代主义发展道路。现在我们来谈谈布劳耶在包豪斯教育影响下创造出来的具有革新意义的坐具。

(三) 布劳耶的设计实验

马塞尔·布劳耶在设计《板条椅》时充分考虑到了人体的舒适需求，这集中表现在3条布带上，它们分别接触人体休息时需要依靠或者支撑的3个部位：坐板布带支撑臂部、下横条布带支撑后腰、上横条支撑背部(见图3-3)。与传统做法不同，布劳耶使用特殊方法把木条连接起来构成主体结构。这意味着布劳耶拒绝传统，并寻找一种更加现代的新造型。但是，他的成功尝试离不开前人的模板，具体地说，就是里特维尔德于1917年创作的扶手椅，它于1923年演变成《红蓝椅》。

图3-3 马塞尔·布劳耶，板条椅，1922

从椅子的结构来看，布劳耶的《板条椅》与里特维尔德的《红蓝椅》两者并没有明显相似的特征，但是两者的创作原则是相同的。首先，它们的灵感都来源于立体主义建筑。其次，两者都是对过去模板的再次演绎：里特维尔德演绎《莫里斯椅》，而布劳耶则演绎里特维尔德的《红蓝椅》。从历史的演变过程来看，里特维尔德的《红蓝椅》具有承上启下的历史意义。最后一个共同点是两把"椅子"都注重内外空间相互沟通的理念，不仅可让内外气息流通，也提供内外视觉沟通的可能。因此，我们可以说，布劳耶是在创作观念上受到里特维尔德深刻的影响。这种影响离不开杜斯伯格，是他把风格派艺术介绍给包豪斯学院的师生们。

---

① 王受之. 世界现代设计史[M]. 北京：中国青年出版社，2013：134.

凡·杜斯伯格于 1920 年 12 月来到包豪斯学院参观。1921 年 2 月，杜斯伯格给包豪斯学院的年轻人开了 1 次课，讲解风格派艺术和设计。① 当时包豪斯学院的大部分学员来听课，共计 25 人，布劳耶是其中一位。参与听课的学员们受到风格派的思想的激发。布劳耶是当时木工实验室最有天赋的学员之一，他也深受风格派思想的鼓舞。② 考虑到学员们的强烈反应，我们更能理解为什么同年 4 月，杜斯伯格为了在包豪斯得到一个教师职位而选择居住在魏玛。

从杜斯伯格来包豪斯讲课到 1924 年之间，布劳耶追随风格派的艺术与设计思想，尤其是里特维尔德的设计思想。在此期间，他开始在家具制造中加入基本原色，并开始考虑空间关系。

除了格罗皮乌斯、伊顿和风格派对布劳耶产生深刻的影响外，我们还需要提及一位设计师：莫霍利·纳吉。伊顿于 1922 年年底辞职后，纳吉于 1923 年正式继任伊顿的职位，并开始进行大幅度的改革。他是金属实验室的主任，是一位造型大师。他说，一百年来，艺术与生活不再有联系，因此，在混乱的社会背景下，设计应该通过与艺术重新融合，给社会带来幸福。③ 为此，他放弃了之前由伊顿坚持主张的宗教思想。他不支持把个人感情应用在创造中，而把俄国的结构主义融入教育中，并推动教育走向理性主义，在创造中采用新技术和新材料。

（四）布劳耶的成功

通过几年的学习之后，布劳耶的设计水平得到了很大的提高，1925 年，他创作了《瓦西里扶手椅》（见图 3-4）。与 1922 年创作的《板条椅》一样，《瓦西里扶手椅》中有 3 条布带，其设计理念与前者相同，都是为了满足人体休息时的 3 个需要支撑的部位：座位、后腰和后背。此外，设计师还在两边扶手各加了两条黑色布带，其中两条侧面布带可以让人体的左右臂得到依靠，上方的布带起到了支撑手部的作用。与传统木质椅子的结构不同，"瓦西里扶手椅"的主体由一根钢管贯穿始终，形成一个连续的整体，具有线条

图 3-4　马塞尔·布劳耶，瓦西里扶手椅，1925

流动感。稳健的钢管结构保证了椅子的安全性与稳定性。似乎布劳耶想设计出一款简单

---

① Magdalena droste. Bauhaus, Archive[M]. Cologne：Taschen, 2012：54.
② Magdalena droste. Bauhaus, Archive[M]. Cologne：Taschen, 2012：56.
③ 王受之. 世界现代设计史[M]. 北京：中国青年出版社, 2013：153-154.

第三章 工业化椅子

的造型，使其显得既流畅又优美。布劳耶不是第一个使用钢管来制作坐具的人，在1851年的伦敦国际博览会上，已经出现钢管扶手椅。但是布劳耶是第一个使用钢管来制作线条如此流畅、造型又如此优美的椅子的人。

从里特维尔德于1917年制作的"红蓝椅"原型中得到启发，从而于1923年制作"板条椅"，在"板条椅"的基础上，再演变成"瓦西里扶手椅"，从这个演变史来看，"瓦西里扶手椅"相对来说具有革新性。

"《瓦西里扶手椅》是布劳耶向包豪斯导师瓦西里·康定斯基的敬礼。当时，他使用自行车钢管来制作原型"，法国著名的当代艺术史学家西尔维·科里耶说。透过这把椅子，布劳耶开始关注人体坐下时最舒适的姿势，这意味着他开始在设计中关注"人体工程学"。他的设计原则包括：功能、美和简洁。这些质量既保证了该款椅子投入批量生产的可能性，也保证了椅子的价格低廉。达到这样的目标是完全有必要的，因为经过"一战"的洗劫，社会经济非常疲软，而大众对物质和审美的需求在不断提升。因此，制造一款既美观又便宜的家具才能满足大众的需求。

1924年，接近学习尾声的时候，布劳耶开始在巴黎的一间建筑工作室里工作。1925年，当包豪斯离开魏玛来到德绍办学的时候，他被格罗皮乌斯邀请来领导包豪斯的木工实验室，他在实验室里工作至1928年。正是在此时，他的设计思想更加明晰，并写到他的论文《功能造型》里，他在文中说：

"比如说，一把坐具既不应该是水平式的，也不应该是垂直式，既不是表现主义的，也不是构成主义的，既不是为了便利问题而制造，也不配有与之相联系的桌子，它应该是一个好坐具，它与一张好桌子相匹配。"①

对于布劳耶来说，坐具是一个独立的个体，它有自己的审美标准，它不依赖于其他家具，但是它应该与其他好的家具相匹配，形成一个和谐的整体。显然，他在尝试超越风格派的设计理论。

布劳耶不是唯一留校任教的学生。在6个实验室中：木工、金属、壁画、纺织、印刷与广告、塑料，4个实验室托付给留校的学生管理。布劳耶负责木工实验室，海纳克·舍佩尔(Hinnerk Scheper)负责壁画实验室，朱斯特·斯密特(Joost Schmidt)负责塑料实验室，赫伯特·拜耶(Herbert Bayer)负责印刷与广告实验室。② 1927年，编织实验室的负责人慕且斯(Muche)离开包豪斯，古塔·圣奥尔多(Gunta stölzl)继任其位。聘用本校学生来教学或者管理实验室，而且这些学生工作出色，这件事证明了包豪斯在教学工作方面的成功。

从1925年起，包豪斯有一项新的使命：为大众创造。作为前卫学校，包豪斯的学生们进行实验性创造，并为企业和手工作坊制作模型。在此期间，《瓦西里扶手椅》在

---

① Marcel Breuer | Art Zoo [DB/OL]. [2014-07-12]. http://art-zoo.com/design/breuer-marcel/presentation.

② Magdalena droste. Bauhaus, Archive [M]. Cologne: Taschen, 2012: 134.

工业产品领域中是一个成功的典范。因为这个成功的先例,钢管逐渐成为坐具制造业的一种重要材料:椅子、扶手椅、沙发。路德维希·密斯·凡德罗(Ludwig Mies van der Rohe)也成功地使用钢管来制造家具,我们在下文中将谈论他的理念。

(五)凡德罗的椅子

建筑实验室于1927年建立,由汉斯·迈耶管理。在他管理的期间(1927—1928),实验室设计的出发点不再是基本原色和基本造型,而是实用价值、价值优势和社会。① 设计师的工作目标包括3个方面:实用性、经济优势和公众需求。这一设计原则似乎比工艺美术运动时期的原则更加实用,当时工艺美术运动主张艺术为大众服务,而事实上,它却没有考虑到公众的需求和购买力,最后仅服务于富人。包豪斯的设计理念确实运用于实践中,并带来丰硕的成果。

1928年,凡德罗提出"少即多"②的思想。这一理念体现在1929年他设计的《巴塞罗那椅子》及其配套脚凳上。它们被展示在1929年在巴塞罗那举办的世界博览会德国馆里。这一套坐具造型简单。坐板和靠背被加上厚厚的软包料,表面用一层黑色的皮包住。金属腿被压成大X形,同时支撑扶手和靠背。凡德罗在坚硬的钢管中发现一种柔韧美(见图3-5)。这种美可以追溯到古希腊的木制《克里斯莫斯椅》。《巴塞罗那椅子》具有实用、舒适、美观等艺术与功能兼备的特征。这也是包豪斯家具设计的巅峰之作。

图3-5 凡德罗,巴塞罗那扶手椅和凳子,1929

凡德罗继承了汉斯·迈耶的位置,成为包豪斯的第三任校长。格罗皮乌斯和政府相

---

① Magdalena droste. Bauhaus, Archive[M]. Cologne: Taschen, 2012:196.
② 陈于书,熊先青,苗艳凤. 家具史[M]. 北京:中国轻工业出版社,2009:265.

信他有能力把包豪斯管理好，但是教授和学生们并不这么认为。在凡德罗的领导下，包豪斯成为一所建筑学院，其课程和教学观念与之前相比有很大的区别，以至于大部分教授离开学校。1932年9月，包豪斯离开德绍，前往柏林办学。1933年4月，包豪斯正式关闭。

包豪斯是当时欧洲的艺术交流和教育中心，接收了很多大师和学生。虽然出现了政治问题和办学方向的改变，但包豪斯一直在寻找方法来推动设计向前发展。它的革命精神和设计理念影响了未来的设计师，尤其是在美国，其影响更为明显。"二战"后，欧洲大量的艺术家、设计师和建筑师来到美国工作，同时也带来了欧洲的设计风格和理念，美国成为包豪斯艺术思想的第二个交流和发展中心，包豪斯的影响由此向全世界辐射。

第二节 功能即装饰

20世纪20年代，欧洲兴起了装饰艺术运动。"装饰"并非否定功能，不意味着摆设或附属性质。这场运动的设计师把装饰与功能完美地结合起来，主张装饰即功能。我们从勒·柯布西耶的建筑和家具作品中可以看出这一点。在本节中，我们通过分析柯布西耶的家具设计作品来论证家具设计的科学性、艺术性、功能性和经济性。

一、柯布西耶的极简主义建筑

既实用又美观的房子才是好房子，好房子才会好卖。20世纪20年代的建筑设计师和设计师们倡导国际主义风格，要求工业化和标准化。1924年，柯布西耶设计建造了Cité Frugès，委托人Frugès先生给柯布西耶充分发挥他的设计理论。柯布西耶在这栋建筑中创造了标准化、工业化和泰勒式风格的房子，希望建造人民能买得起的漂亮房子。Frugès先生的目标是：让房子好卖。要让房子既实用又美观，必须符合两个条件：一是要有符合现代人的居住要求；二是具有美学价值。要让房子的价格降低，必须做到极度简单化。简单化的原则是：既达到使用功能的标准，又符合美学标准。简单化的主要目标是降低建造成本。从功能的角度来衡量，建筑中不应该有多余的部件。没有多余的部件，也就不必付出多余的劳动成本。我们以窗户为例来说明这一点。Maison Frugès的每一扇窗户有其特殊的功能，有的是为了通光、通风，有的则是为了让窗内的人看窗外的景物。这些窗户都是整栋建筑的有机构成因素，缺一不可。每一扇窗户的造型、规格、高度、方位、窗框的色彩和材料都需要设计师经过仔细斟酌才能确定。我们可以说Cité Frugès这栋建筑是以最简单的结构来提供建筑的居住功能和审美功能。它于2016年被联合国教科文组织列为世界建筑遗产。

1928年，柯布西耶设计建造了萨伏别墅，这是功能主义、极简主义和美学相结合的成功典范。几何造型的建筑坐落在草地上，草地周围是一片树林，把建筑包围起来，起到防灰尘和防噪音的作用，居住者没有受到任何外界的干扰。而且人在二楼住，远离草地的湿气。该建筑于2016年被联合国教科文组织列为世界遗产地点，柯布西耶共有两栋建筑获得该项殊荣。

二、柯布西耶的极简主义家具

柯布西耶要给极简主义建筑设计配套的家具时，必然考虑到风格上的一致性和同时代性。因此，他做家具设计时，遵循经济、适用、美观等原则，把功能主义、极简主义和美学主义有机地结合起来。自1925年起，柯布西耶紧随布劳耶的脚步，开始采用钢管来制作椅子的支撑结构。到1928年，他使用钢管的技术水平达到顶峰。

支撑结构首先要满足基本功能需求，包括椅子的腿、坐垫和靠背的支撑功能需求。根据各部位所承受的压力大小来选择粗管或者细管。受力大的地方，采用粗管；受力小的地方，则采用细管。例如在1928年设计制作的作品《舒适的扶手椅》（*Fauteuil grand comfor*）系列坐具中，柯布西耶为了使椅子或者长沙发的支撑结构更加坚固，他只使用一根较粗的钢管，把它压弯，形成一个整体感很强的支撑结构主体。腿、坐垫和靠背这三个受力最大的部件形成一体化结构（见图3-6）。这种曲折的结构既能产生流线型的美学效果，又能增强支撑结构的连贯性和稳固性。值得指出的细节是，柯布西耶在扶手钢管与前腿连接处做了一个转折，其功能是包住扶手处的皮质软包料。粗管的转折与下方横条细管的转折形成统一而又有区别的整体，这个整体同时具有一定的节奏感。统一性来源于上管和下管的平行关系，区别表现在钢管的粗细对比，节奏感表现在上下方位之间的呼应。

图3-6　勒·柯布西耶，LC2，1928

柯布西耶的椅子具有4个特点：科学性、审美功能、舒适性、经济性。

科学性表现在两个方面：一是高度，二是角度。首先椅子的整体高度不超过人的腰部，人不会产生高高在上的压力感，从而人更加容易接受这样的坐具。二是坐垫的高度符合人体尺寸和比例。其设计原则是，当人体坐下时，膝盖能自然弯曲，大腿和小腿成90°角。角度过大意味着坐垫矮了，角度过小则意味着坐垫高了。坐垫与靠背必须保持90°角，如果需要把坐垫调成倾斜势，让前端较高，后端较低，靠背也需要做出调整，上端向后，下端向前，靠背呈向后倾斜势。

科学性与舒适性有直接关联，不具备科学性，也不会具备舒适性。椅子的合理高度给人体的臀部、大腿和小腿带来舒适感。此外，皮质软包料也给人体与椅子接触的部位带来柔软和舒适的感觉。接触部位包括与坐垫接触的臀部、大腿和与扶手接触的小手臂和手腕，还有与靠背接触的后背。需要特别指出的是，当人坐在椅子上时，人体的重力主要压在臀部，这部分所承受的压力最大。所以，此处的包料会下陷，形成半球形受力面。这导致人体与坐垫的接触面增加，从而可以减轻局部的压力。皮质软包料从四周把臀部托起，减轻人的重力感，从而让人的臀部产生更加舒适的感觉。而且软包料还能把人体的部分压力转移到大腿与坐垫的接触部位，分担臀部的压力。与之相反，而当人坐在硬木板或者钢板上时，受力面较狭窄，因此接触部位因为压力较大而容易产生不舒适的感觉。

柯布西耶建筑设计和家具设计理论根植于20世纪人们对功能、科学、舒适、经济和美学的新需求，因此，他的作品受到当代人的欢迎。时至今日，他的设计风格理论具有重要的参考价值。

第三节 冷漠的椅子

我们不可否认马塞尔·布劳耶设计的《瓦西里扶手椅》的原创性以及它在世界设计史上的历史地位和社会影响力。因为这一切都是真实的存在。同样，我们也不可否认这一把使用金属和布带制造的现代椅子所表现出来的冷漠感。产生这种感觉的因素主要有两个：一是材料的冷漠性，二是设计结构的冷漠性。

在布劳耶的作品中，皮带，尤其是黑色的皮带，因其色彩的单调性而产生冷峻的感觉。生产商也曾经使用其他颜色的皮带来制造该款椅子，如褐色，虽然这样做确实减弱了冷漠感，但是依然缺乏足够的热情来温暖人心。凡德罗使用皮革包海绵来制作坐具，虽然这样做能给人提供身体上的舒适感，但是无论什么颜色的皮革都无法改变其冷漠性。我们可以把这种舒适称为"冷漠的舒适感"。舒适于身体，冷漠于心灵。这样的产品是否能够为繁忙的现代人解压呢？

钢管的物理特性是导热能力强，当人体接触它的时候，人的热量迅速传到钢管上，使人体产生冰冷感。人的触觉经验可以影响人的视觉效应，当人看到钢管时，自然联想到冰冷的感觉。这种感觉既作用于人的身体，又作用于人的心灵。其坚硬感也在一定程度上增加冷漠感觉。

20世纪上半叶的工业化设计即简单化设计，目标是方便生产、方便运输、降低成本和标准化。因此出现了功能主义、极简主义、国际主义等设计思想流派。所有这些"主义"都塑造本质相同的物质：缺少人情味的产品，即这些产品无法温暖和安慰人心。

工业机器大生产确实大大提高了生产效率，降低了生产成本，最大化地满足了人民的物质需求。但是缺乏人与材料的深层次沟通，如雕刻、绘画、打磨等劳动过程，工业生产出来的金属坐具缺少精神内涵，因为人类在劳动的过程（与材料亲密接触）中自然地把个体理念、情感等精神因素转化为物质形式，如图案、图形、造型、色彩等。从这个角度来看，工业化大生产拒绝人类情感的表达。因此，其产品冷漠无情则是必然的。这种无感情设计正是国际主义风格的先行者格罗皮乌斯所推崇的，他认为现代设计中不应该融入个人感情。他的理念是为标准化设计和标准化生产辩护。

工业化风格的坐具显得有点冷淡，主要原因是材料的冷漠感、材料的简单性和结构的简单性。然而，从社会学的角度来看，这种冷漠又意味着什么呢？这种趋势是否与两战之间的那种让人窒息的冷淡的社会气氛有联系？"一战"的枪炮提醒人们新世纪来到了，新格局即将出现，新的生活方式将要来到。人们变得更加理性，各国在安静中思考和寻找新的发展方向。中国也不例外，20世纪20年代的中国，尤其是青年一代，也在寻求新民主道路。整个国际社会的个人主义逐渐淡化，人们的焦点逐渐转向集体主义和民族主义。树立民族精神、倡导民族主义是大趋势。因此，在这段时期里，人们不希望在设计中表达个人情感和个人主义是可以理解的。

包豪斯是工业美学实践研究的先锋，影响了同时代的欧洲乃至世界的设计发展。

马塞尔·布劳耶的《非洲椅》证明了包豪斯的办学以工艺美术运动理念为起点。随着设计与艺术革命思想的发展和推动，包豪斯做了许多尝试，比如多次改革教学方案，目的是培养全能人才，并希望这些人才把设计和艺术理念传播到世界。其中两个具有代表性的设计方案就是马塞尔·布劳耶的《瓦西里扶手椅》和凡德罗的《巴塞罗那椅》。这两套坐具反映了当时坐具的普遍特征：立体主义、功能主义、极简主义、经济主义、美学主义、使用金属的新方法。

布劳耶把以上这些特征融合起来，集中表现在他的建筑和家具设计中。联合国教科文组织把他设计的两栋建筑列为世界建筑遗产，这一事实说明他的设计具有典型的时代象征意义，因此也成为设计史上的里程碑。

第四章　斯堪的纳维亚的设计实验

新艺术运动确实把欧洲人的注意力从严谨和庄重的古典艺术转向更加轻松自由的艺术形式。从形式上看，设计逐渐几何化和抽象化。可是设计发展到这个程度实现了现代设计的目标了吗？普通民众能够像上层阶级一样买得起精美而昂贵的新艺术产品吗？艺术真正能够为大众服务了吗？工业技术与艺术真正融合了吗？答案似乎都是否定的，至少不确定。

1917年出现的荷兰风格派的宗旨是塑造属于荷兰民族性格的新的艺术形式。20世纪20年代初，这种风格初步形成，在欧洲各国激起了强烈的社会反响，也走进了包豪斯学校的大门，并启发了那里的师傅和徒弟们。他们随之开启了工业设计的探索之路，为德国创造出轻盈、舒适、简单、优美而又冷峻的工业产品，然而生活在北欧国家的人们似乎对这样的工业美没有产生共鸣。他们的地理位置注定了他们在一年中的大部分时间里是在较寒冷的天气中生活，因此他们需要从产品中得到温暖和安慰的感觉。什么材料能更好地体现这种人文情怀？是木材、纺织品和动物皮毛。而这些资源正是大自然馈赠给北欧国家的厚礼，这为他们的设计革新提供了物质基础。

我们在上文中说过，20世纪20年代和30年代，个人主义靠边站，集体主义和民族主义逐渐成为人们思考问题的核心。如何塑造民族设计风格是斯堪的纳维亚地区的设计师思考的中心问题。这些国家虽然都在欧洲北部，寒冷天气持续的时间较长，但是每一个国家的民族文化特征和民族性格都不同。不过，他们有一个共同点，即在设计中寻找人性化因素（人情化），在简单、便利和经济的现代家具中寻找人文关怀。

第一节　设计实验的先驱

20世纪20年代到60年代末是斯堪的纳维亚地区的设计实验时期。一方面，由于企业给予了设计师自由发挥的空间。企业不限制设计师对色彩、形式和材料的应用，放手让设计师自由地研究。另一方面，新材料和新技术的不断出现启发了设计师的创造思维。实验内容主要包括设计形式和生产材料两方面。在这样自由而愉快的研究氛围中，斯堪的纳维亚的设计师们创造出许多具有革新意义的作品。其中阿尔瓦·阿尔托（Alvar Aalto）是最具代表性的设计师之一，他对芬兰乃至世界设计的影响非常广泛。甚至可以说，他的设计风格象征着芬兰人的民族性格。除了阿尔托，还有许多设计师也广泛开展设计实验研究工作。例如丽莎·约翰松·佩普（Lisa Johansson-Pape）和芬·居尔（Finn Juhl），这两位设计师的设计实验状况在一定程度上可以反映其他设计师的设计实验状况。

丽莎·约翰松·佩普是芬兰人,她于 1927 年毕业于赫尔辛基艺术与设计大学(Taideteollinen Koreakoulu,Helsinki)。她也热衷于色彩与材料实验,善于从不同的新材料和新工业技术中发现潜在的产品形式。她是少见的杰出女设计师。从 1928 年到 1930 年,佩普为 Kymäkoski 设计家具;从 1928 年到 1937 年她为 Friends of Finnish Handicraft 设计纺织品。她的椅子代表作品是 *Chair for Stockmann*(1930—1933)。除了家具设计,她也从事室内设计工作。

芬·居尔生于丹麦的哥本哈根。他也喜欢用新材料和新技术进行设计实验。经过大量的实验设计,他取得了丰硕的成果。他先后获得米兰双年展 6 枚金奖,获得哥本哈根家具制造协会奖项共 14 次。1940 年他为 Niels Vodder 设计了作品 *Pelican chair*。这件作品具有极强的保护感,正如一双手呵护坐在扶手椅上的人,也为个人创造了一个单独的空间。他于 1951 年为 Baker Furniture 设计的长沙发也具有极强的保护感,而且该沙发还能为坐在上面的人创造一个相对独立的空间。其他代表作品有:Model No. NV-45 easy chair for Niels vodder(1945 年设计)、Model No. NV-48 armchair for Niels Vodder(1948 年设计)。

斯堪的纳维亚的设计师几乎都在寻找一种新的形式、新的保护方式、新的自我满足方式、新的舒适感、自我封闭和自我满足的意识。从飞机问世以来,人们普遍喜爱速度感和弧线美,因为它们能体现简单性和效率性。20 世纪 20 年代至 60 年代这段时期的坐具最重要的品质是创新性,包括形式创新、材料创新和工作方式的创新。这些创新都是为了塑造一种符合人们的口味、欲望和经济能力的新形式。这些创新对工业化进程作出了贡献。

然而,他们的设计实验也提出了一个重要的问题,即椅子的形式问题。根据苏格拉底的思想,所有的扶手椅只有一个共同的形式,这种形式是我们在古代坐具历史中所看到的:在一张 4 条腿的凳子上加了一个靠背。按照这样的理念,阿尼奥和达尼诺斯的半球形坐具虽然也有座位和靠背,但是它的形式与古代概念相差甚远,那么它们还能被称为"椅子"吗?如果设计师没有用"椅子"来强调它们的属性,人们会不会自觉承认这两个半球体也是"椅子"?如果它们是新概念椅子,这便是苏格拉底意料不到的地方。在下文中,我们谈论几位设计师的设计作品,他们对椅子的概念有不同的理解,采用不同的表现形式。其中包括阿尔瓦·阿尔托、汉斯·韦格纳(Hans Wegner)、阿纳·雅各布森(Arne Jacobsen)、艾洛·阿尼奥和克里斯蒂安·达尼诺斯(Christian Daninos)。

第二节　木材的人情味

阿尔瓦·阿尔托在 20 世纪 20 年代受马塞尔·布劳耶的设计理念的激发,也使用钢管制作了一些坐具。但是他的代表作品并不是钢管坐具,而是用胶合板制作的《阿尔托凳子》。圆形坐板有时着色,有时保留木料的原色。这种风格的坐具一般有 3 条腿或者 4 条腿,腿的上部通常被压弯,以便与坐板有更多的接触面,使凳子更加稳固。阿尔托的凳子中的简单性和造型特点让我们想起索耐特于19世纪50年代设计和生产的"14号椅子"。阿尔托似乎把索耐特的14号椅子分解成凳子和靠背。有时阿尔托在这样的凳子上加一个小靠背，凳子便就成了椅子。与索耐特的椅子相比，阿尔托的凳子显得更加简洁一些。此外，与黑色的14号椅子相比，阿尔托的凳子的木料暖原色显得更加热情。这两把椅子也有共同点，与同时期的坐具相比，两者都具有造型的简单性和运输的方便性；两者都具有弧线美，比如圆形的坐板和向后凹陷的靠背（见图4-1、图4-2）。

图4-1　索耐特的14号椅子，1850　　　　图4-2　阿尔托的椅子和凳子，1930—1933

除了家具设计，他还做城市规划、建筑设计和室内设计、玻璃器皿设计和绘画。在玻璃器皿设计中，他也运用不规则的造型。例如不规则的花瓶，花瓶横截面与扶手椅的扶手腿连体造型相似。他曾经设计了500栋私人建筑，其中300多栋在他去世前已建成，大部分在芬兰，少量建筑分布在法国、德国、意大利和美国。

美国现代艺术博物馆分别于1938年、1984年和1997年为他举办个人作品展。这是很多人梦想得到的荣耀。是什么影响了阿尔托的设计理念？是什么促使获得如此多的设计成就？第一个因素是他的父亲——著名的建筑师和设计师雨果·阿尔瓦·亨利克·阿尔托（Hugo Alvar Henrik Aalto），他是有机现代主义设计潮流的先锋之一。第二个因素是自由的设计实验氛围和物质条件。第三个因素是设计前辈的影响。

20世纪20年代，阿尔托追随的是古典主义风格。当时，他曾经研究约瑟夫·霍夫曼和维也纳工坊的设计。霍夫曼的机器椅和阿尔托的《牛形椅》（*Ox Chair*）之间存在明显联系，其中一个因素是矩形扶手腿连体形式。两者之间的区别是霍夫曼的机器椅比较机械化，而阿尔托的椅子的人文主义情怀更加浓厚。20世纪30年代后，他转向国际风格现代主义，并开始进行设计实验。影响阿尔托设计风格的人物还有视觉艺术经纪人迈尔·古里克森(Maire Gullichsen)和历史学家尼尔斯·古斯塔夫·哈尔(Nils Gustav Hahl)，三者一起建立阿尔泰克(Artek)公司。此后，阿尔托转向更加个性化、综合性和独特的现代主义风格。

他的设计实验成果主要有4项，第一项是伸臂设计原理的新运用。他是第一个将伸臂设计原理应用到木制椅子里的设计师。第二项是阿尔托解决了横向与纵向因素的连接方式问题。他第一次让坐具的腿和座位下方直接连接，不需要其他支撑物。这个技术得以让他设计出 L 腿椅子(1932—1933)、Y 腿椅子(1946—1947)和范腿家具(1954)。① 阿尔托坚信，设计应该具有人性，所以他不仅抛弃严厉的几何形式，也抛弃人造材料，比如管状金属。因为，对于他来说，这些材料与人类的生活环境和习惯不相适应。② 第三项是在实验的过程中，阿尔托在家具设计方面磨炼出两项无人能及的高超技艺。他使用和加工木材的技术达到炉火纯青的地步。正如中国哲学讲究的"无为"设计观，木材被加工过，但它却显得很自然，似乎它本来就是这个样子。第四项是他于1933年获得多层弯胶合板技术专利，这项技术使胶合板结构具有美学意义。

他的主要作品包括：1931—1932 年为阿泰克设计的 Model No. 41 Paimio chair；1931—1932 年为 Huonekaluja Rakennustyötehdas 设计《杂交扶手椅》(*Hybrid armchair*)和 Model No. 31 Armchir。

阿尔托的设计成果来自于他的多种多样的设计实验。绘画是其中一种实验方式，他认为绘画不是个人艺术作品，而是建筑设计过程的一部分。意思是，他通过绘画来思考建筑设计，在绘画中找到建筑结构的灵感。绘画实践过程能够赋予建筑艺术性，具有美学价值。雕塑也是他的设计思考方式之一，因此他的建筑作品也具有一定的雕塑艺术性。

他的实验成果让他成为设计界的领军人物，受到广泛的关注。西格弗里德·吉提翁(Sigfried Giedion)曾经于1949年写了一本著作，题为《空间、时间和建筑：新传统的成长》(*Space, Time and Architecture: The growth of a new tradition*)。在书中，阿尔托比现代设计之父勒·柯布西耶受关注的程度更高。吉提翁认为，阿尔托的设计脱离功能主义，他在设计中表现一种心情、氛围，甚至还有民族性格。吉提翁甚至认为阿尔托走到哪里，芬兰就跟随到哪里。意思是说，阿尔托的设计风格代表芬兰的民族性格；反过来说，芬兰文化是阿尔托的设计之根本。

阿尔托信奉自然主义设计哲学，他热衷于研究人与自然之间存在的关系。对于他来说，自然中的标准就是把最小的单元和细胞联系起来，以得到最好的柔性组合，实现最全面的以人为本的设计。

20 世纪三四十年代，阿尔托的设计在美国和英国非常受欢迎。和他的父亲一样，他也是有机现代主义奠基人之一，他的设计哲学影响了战后的设计师，例如查尔斯·伊姆斯(Charles Eames)夫妇。

---

① Charlotte and Peter Fiell. Scandinavian design[M]. TASCHEN，2013：83.
② Charlotte and Peter Fiell. Scandinavian design[M]. TASCHEN，2013：86.

第三节 中国主义

一、《中国椅》

汉斯·韦格纳是丹麦最具创造力和革新力的家具设计师。在丹麦家具领域里，他所创造的经济效益最大。他一生中总共设计了 500 多款椅子，许多椅子被称为杰作。其中社会影响最大的椅子与中国明式家具有紧密的联系。然而，中外专家在分析韦格纳的中国风格的椅子时，仅仅轻描淡写，没有深入分析中国主义在韦格纳的椅子设计中的具体表现形式。在下文中，我们介绍其中三款作品，包括《中国椅》《圈椅》和《叉形椅》。这三款椅子主要借鉴了明式圈椅（太师椅）。在分析的过程中，我们会发现中国风格丹麦化的演变过程（见图 4-3、图 4-4）。

图 4-3 韦格纳，中国椅，1943

图 4-4 圈椅（太师椅），约 16 世纪

1943 年，他为 Carl Hansen & Son 公司设计系列椅子，也因为这一系列椅子，他的设计开始得到世界家具行业的认可。西方专家和设计师在评论韦格纳的贡献时，认为他是第一个把椅子的扶手和靠背简化成一条曲线的人，同一根木条承担这两项功能。然而，这完全不符合历史事实。这只能说明有这种看法的人不了解中国设计史。事实上，韦格纳的中国椅的灵感来源于一幅肖像画，画中一位丹麦商人坐在中国明式椅子上。从这个事实来看，我们发现有几点值得注意：第一，韦格纳在此之前没有了解（至少没有

深入了解)中国文化和中国的明式家具风格。持以上偏见的西方专家和设计师也不了解韦格纳所看到的丹麦商人的肖像画里的明式椅子的细节。当韦格纳第一次看到肖像画中的中国明式家具时，立即喜欢上它。可想而知，中国的明式家具风格在欧洲人眼中所产生的新奇感和魅力。这不仅仅是异国情调之美，更是中国艺术的严谨性、科学性、艺术性和人文主义所产生的感染力。必须承认的是，韦格纳是一位聪明而伟大的设计师，他巧妙借鉴了明式家具的精华，只借鉴基本结构和比例，而抛弃所有的装饰元素，把每一个构件极度简化，使每一个元素都同时具备使用功能和审美功能。明式圈椅中4条腿结构较复杂，一般都附加妆饰横条，横条上还刻有各种图案。韦格纳则采用圆形腿，腿的两头有粗细变化。如果我们界定坐板为椅子的中部，那么竖条的中部均较粗，竖条的顶部和底部则较细。为了使前腿和后腿互相呼应，两条前腿虽然不能超越坐板向上延伸，但是韦格纳也按照这个原则来制作前腿。因此，我们感觉，两条前腿似乎被从中部切断，只留中部以下的部分，上方似乎有延伸之势。

韦格纳的《中国椅》保留了中国传统明式圈椅的基本结构，包括靠背、扶手和它的支撑木、四条腿等构件。他从人体结构特点的角度来考虑问题，做了一些革新。扶手前端似乎更加符合手臂的结构特点，因为他把中国圈椅的圆形扶手的前端部分向下压扁，构成了一定的平面；增加手臂与扶手的接触面积，把压力分配给更多的部位，减轻局部压力感，让手臂感觉更加舒适。《中国椅》的上方环形部分(圈形)略显向内收缩，显得比较体贴。因为体贴，所以人情味更加浓厚；而中国明式圈椅的上圈则显得向外扩展，比较大方(大气)、开放，体现出中国的气派和精神。这一点说明了20世纪50年代的欧洲设计师考虑到个体的感觉和存在感，而不再仅仅追求抽象的民族精神。因为民族精神必须体现在具体的个人身上，而不是体现在抽象的群体上(群体由个体构成)。

从整体效果来看，中国传统的圈椅比较朴实、厚重、牢固；而韦格纳的"中国椅"则具有简单性、现代性和经济性等特点。这3个特点有因果关系：因为设计简单化、概括化和抽象化了，所以显得现代化；因为材料和做工简化了，所以更加经济化，人们能够买得起。从成本的角度来看，中国的传统圈椅是(当今也是)身份、地位和经济能力的象征；而韦格纳的"中国椅"则是平民化的坐具，没有这些象征意义。由此，我们可以看出，韦格纳的设计理论的人文主义思想的内涵更加丰富和全面，包括使用功能、身体舒适感、心理安慰感、经济接受力、尊重感、艺术需求等多层次需求。这样的设计的最终目标是帮助普通人实现个人价值。

二、圈椅

1949年，韦格纳设计了《圈椅》，这件作品于1950年2月在哥本哈根举办的家具制造商协会展览(Cabinetmaker Guild Exhibition)中展出后，立即引起媒体的关注，并追踪报道，例如美国杂志 *Interiors*(《室内》)。之后，该款椅子获得了美国方面的可观的订单。韦格纳也认为这是他最成功的椅子作品(见图4-5)。

第四章 斯堪的纳维亚的设计实验

图 4-5 汉斯·韦格纳，圈椅，1949，Fritz Hansen 公司生产

这款椅子借鉴了明式圈椅的基本结构特点，它有几个创新之处：一是每一根木材都简化了，而且木材的首尾粗细有变化。二是靠背和扶手几乎在同一水平线上，两者连成一体，造型的变化，使这一整体看起来就像一条飘带，由此产生飘逸感。三是坐板向下凹陷，符合人体臂部的结构特点，所以能够给人带来舒适感。这款椅子有两种坐垫形式：一是用藤编来制作座位，二是用织物或者皮革来制作软坐垫。"圈椅"的扶手前端部分简洁化了，不再有突出的圈形。扶手下方也没有多余的支撑木，由 4 条腿直接支撑扶手和靠背所构成的半圈状结构，韦格纳把中国传统圈椅的靠背竖条去掉，仅用一条弯木构成环形靠背和扶手。与人的后背接触的部分比其他部分宽，这就扩大了人的背部与靠背的接触面积，提升了舒适度。这一部分不再像传统明式椅子那样从后方向前方倾斜，而是成水平线。如果韦格纳仅仅抛弃了原本支撑人的背部的竖条，而不降低靠背的高度，那么人的后背中部将会失去依靠而向后露出，从而失去稳定感和舒适感。

韦格纳的《圈椅》的重要特点是微妙的变化导致制造的难度增大，因此，韦格纳说，仅靠草图是无法制造这款椅子的，必须首先在工作室里塑形，然后再正式制造。靠背和扶手的结构的变化最丰富和微妙，它们是这张椅子中最精彩的部分。这款椅子中的微妙变化必须由人手来打造，无法交由机器来完成。① 这款椅子对制造工艺要求较高，也需

---

① 原文为网上摘录，网址见 http://danish-design.com/product/pp503-the-round-chair-elegance-leathe，2018-07-12。

要投入较多的时间，需要制造商有极大的耐心才能制造完美的椅子。因此，这款椅子制造成本较高。韦格纳略带幽默地说，美国人因为缺乏耐心可能无法制造这样的家具。因此，当美国制造商想购买该款椅子的制造和销售权时，韦格纳拒绝了，他希望仅在丹麦生产这款椅子。一方面是为了能够把控生产质量；另一方面也是为了维护和树立"丹麦品牌"。

关于"丹麦品牌"的设计理念，韦格纳说："The objective was to make things as simply and correctly as possible, to show what we could create with our hands and try to make the wood come alive, give it soul and vitality, and to get things to appear so natural that they could only be made by us."①（目的是尽可能简单地和正确地制造产品，展示我们能够用手创造的东西，并努力使木头生机勃勃，赋予它灵魂和活力，使东西看起来如此自然，以至于只能由我们来制作。）韦格纳承认机器对现代工业生产的重要性，但是他也主张用人工来完成部分工作。一般来说，人工制造的产品具备更多的感情因素，更人性化，看起来更加自然与和谐。

三、叉形椅

1950年，卡尔汉森公司的老板和销售代表在哥本哈根的家具制造商协会展览中看到韦格纳的《圈椅》之后，便找到韦格纳，希望能生产他设计的"中国椅"［当时弗里茨·汉森公司(Frizt Hansen)已经停产这款椅子］。但是韦格纳希望重新设计一款椅子给卡尔汉森公司。当时，韦格纳的目标是设计出一款具有现代感、流行、便宜、轻松等特点的椅子，因此Wishbone Chair(叉椅子，Y字形椅)诞生了。韦格纳把传统的长方形垂直板改成"Y"字形板，"叉形椅"因此而得名（见图4-6）。

《中国椅》中的明式家具元素表现得比较具体，相比之下，《叉形椅》的中国元素变得更加抽象和模糊，或者更准确地说，韦格纳真正把中国设计元素自然地融入丹麦的现代设计里。该款椅子有"四出头"，其中两头在靠背弯曲的横条的两头，另外两头出现在两条前腿上，即前腿向上突出，超出了坐板的水平线。两条后腿的上下两头较细，中部较粗，而且上部被压弯，与靠背的弯曲的横条和谐地融合在一起。韦格纳把扶手裁短了，而且把扶手下方的4条支撑木去掉。

图4-6 汉斯·韦格纳，叉形椅，1950

---

① 原文为网上摘录，网址见 http://danish-design.com/product/pp503-the-round-chair-elegance-leathe, 2018-10-12。

为此,他把两条后腿上部向外压弯,扩大对扶手和靠背的支撑范围,以保证椅子的稳固性。

该款椅子的现代性表现在线条简洁、整体造型自由开放,它去掉了明式椅子的装饰性元素,是韦格纳把明式椅子高度概括后形成的简化体。流行性表现在加软坐垫上,当时人们追求坐具的舒适感。能提供这种舒适感的物质包括皮包海绵坐垫或者藤编坐板。技术的独特性表在弯木技术上,1943年他就已经在家具制造中熟练运用弯木技术。轻松感来源于弯木结构和原木色,以及结构的简单性。既然造型简单,省材料,可以进行工业化大生产,因此,该款椅子的生产成本降低,销售价格自然也下降了。这款椅子是韦格纳设计的椅子中销售量最大的椅子,它也为卡尔汉森公司带来了巨大的经济回报。此后,该款椅子出现了各种色彩的版本,继续受到广大消费者的喜爱。

从1943年设计的《中国椅》到1949年设计的《圈椅》,再到1950年设计的《叉形椅》,韦格纳紧紧地围绕着中国传统明式圈椅的结构进行简化和融汇。随着时间的推移,中国文化和丹麦文化融合得越来越自然,他的椅子变得越来越简单和抽象。但是功能依然得到保证,还增强了现代感,降低了制造成本,扩大了受众面。

四、韦格纳椅子的总体特点

韦格纳的设计理论的核心是展现家具的内涵,即家具灵魂。换一种说法,即把内在美外向化。他的家具的外形特点是简单性和功能性兼备;其人文特点是舒适,对人体工程学非常考究;其艺术特点是具备轻柔的美感,具有活力却不张扬,给人以一定的心理抚慰感、体贴感和愉悦感。

韦格纳的设计理念具有革新意义。首先,他对椅子设计的要求极高,不仅要具有功能美,也要有艺术美。他说:一把椅子不应该有后面(这种说法),无论从哪个角度来看,它都应该是美的。也就是说,一把椅子的每一个角度都很重要,都需要精心设计,使其产生应有的美感。其次,他认为设计应该简化到极致。曾经有不少外国人问他如何塑造丹麦设计风格,他回答说:这是一个待续不断的精练和简化过程。尽最大的可能把椅子简化成为几个简单的构成元素:4条腿、1个座位、靠背和扶手。这个观点与中国老子和孔子哲学中的设计美学观点一致,装饰不应该独立存在,体现功能的元素本身就是装饰元素。韦格纳去掉所有为了装饰而装饰的元素,只保留体现功能的元素,而这些元素非常精练和优美,因此,它们也是装饰元素。这就是为什么他的椅子既简单又精美的原因。最后,他认为椅子没有固定的定义。他说:"椅子不存在,(制造)好椅子是一项人们根本无法充分完成的任务。"(The chair does not exist. The good chair is a task one has never completely done with.)他的意思是说,椅子没有明确的定义,也不存在好椅子的标准。但是,他并不是说人们无法设计和制造出一把好的椅子。好的椅子的标准是相对的,具有时代性。因此,好椅子是无限的。每一个时代,每一个人,都可以设计和制造出当代人认为好的椅子。而对于后世来说,先人所设计和制造的"好椅子"可能只是一种参考,后世人也可以设计和制造出属于该时代人的"好椅子"。这个观点确实能够说明20世纪20年代到60年代末,斯堪的纳维亚地区的设计师们自由地进行设计实验的思想原因和条件。

促使韦格纳在家具设计方面的成功有几个因素。第一，父亲的影响。他的父亲是一名修鞋匠。其工作的耐心和细心，以及对修鞋的工艺的要求，使韦格纳在耳濡目染中树立了为人民服务的意识。第二，他在家具行业起步早。1928 年，14 岁的韦格纳开始学习家具制造工艺。第三，向名师学习。他 14 岁时向家具制造大师斯塔尔伯格(H. F. Stahlberg)学习家具制造工艺。1936 年，22 岁的韦格纳在工艺美术学校的 Orla Molgaard-Nielsen 的指导下学习家具设计，一直学到 1938 年。第四，与名师合作。1938 年从工艺美术学校毕业后，他在同埃里克·穆勒(Erik Moller)、弗莱明·赖森(Flemming Lassen)共同开办的工作室做设计工作。1940 年，26 岁的韦格纳便加入著名建筑师和设计师阿纳·雅各布森(Arne Jocobsen)和埃里克·穆勒的团队，负责奥尔胡斯(Aarhus)市政厅的家具设计工作。同年，他与家具制造大师汉森(Johannes Hansen)合作，汉森是新家具投入生产和销售的驱动力。显然，他们的合作非常有利于把韦格纳的新家具设计推向市场。第五，他对木材有特殊的感情。他了解木材的特点，与阿尔托一样，韦格纳追求自然主义和人文主义设计。他不断思考如何让木材变得有活力，如何给木材赋予精神和生命力，如何在椅子与人之间建立一种感情等问题。他对其他材料也具有极强的好奇心，这使他能够自如地运用各种材料来塑造出优美的极简主义风格的椅子。他设计的椅子形式和结构简单而精练。总的来说，他的设计与他的品格一致，高尚而真诚。

第四节　新生物主义设计

公元前 3000 年左右的苏美尔人和古埃及人把自然中生猛的动物形象运用于坐具造型中，这种行为的实质是以一种超自然的力量的假象来维护自己的政治地位和权力。此后各时期的人们断断续续地沿用这种造物方式。因此，从广义的角度来说，目前人类所掌握的历史资料证明，生物主义设计早在公元前 3000 年左右已经存在。当时的生物主义与象征主义息息相关，可以说，没有象征的需求就没有远古的生物主义设计。但是，历史学家们没有提出把这一段远古设计历史与生物主义联系起来。

新艺术时期，即 19 世纪末期和 20 世纪早期，西班牙建筑师和设计师安东尼奥·高迪(Antonio Gaudi)从地中海的生物和景物中得到创作灵感，创造了神秘的生物主义建筑和家具。此时的生物主义并不是突然出现的设计现象，它是在工艺美术运动的植物和动物图案中演变而来的，自然界中的生物形象经过设计师们的归纳、概括和抽象化，演变成装饰味道很浓厚的新艺术形式。此时的生物主义形象不再是政治地位和权力的象征，因为新艺术的宗旨是为大众服务。由于社会经济普遍经济水平较低，上等的新艺术产品还是社会精英们的专属。因此，这个时期没有象征指向性的生物主义被默认为金钱的象征。简而言之，是无象征目的的象征性。

20 世纪 50 年代起，斯堪的纳维亚地区的部分家具设计师尝试把人体这一生物的特征融入椅子设计中，我们暂时把这种设计现象称为新生物主义设计，它提出了一个关于人与产品的新关系问题：生物中的生物。这是人坐在具有人体特征的坐具里产生的新关系。这一个新的生物主义又象征什么呢？

一、蛋形椅的归宿感

阿纳·雅各布森于1958年为弗里茨·汉森公司设计了一把独特的椅子，还配以一把相同风格的脚凳，他将之命名为《蛋形椅》(Egg Chair)。这把坐具确实能让人联想到蛋的形状。其扶手和靠背与传统形式完全区别开来，已经被高度抽象化和象征化。扶手是微微隆起的弧形，微微体现出轻柔的美。半包围形的靠背对人的头部起到了稳定和保护作用。当人坐下时，犹如进入一个蛋里休息。这是一种生物回归本源的象征(见图4-7)。

图4-7　雅各布森，蛋形椅

这一系列坐具是专门为哥本哈根皇家宾馆的接待厅设计的，其宗旨是给公共环境里的客人一定的私人空间感。例如，靠背两端突出，可以阻挡旁人的视线，遮掩客人的脸部。这件作品除了看起来像一个蛋，同时也像一个抽象的人体造型——一个盘腿而坐的女人体(母体)，她正在敞开怀抱拥抱坐在椅子上的人，给人带来一定的安慰感。

雅各布森从小就有革新的思想，而且勤奋好学。他生活在典型的维多利亚装饰风格的房子里，一切都具有装饰性，而他却非常反感这样的艺术风格，因为他想与众不同，超越时代。1925年，他参加在巴黎举办的现代工业和装饰艺术国际展览(Exposition Internationale des Arts décoratifs et industriels Modernes①)，他的椅子设计获得银奖。此

---

①　原计划定于1913年举办，后因"一战"的爆发而推迟。

第四节 新生物主义设计

时，欧洲新艺术运动接近尾声，转而流行装饰艺术风格。建筑和家具设计方面的代表人物有勒·柯布西耶、迈耶·凡德罗等。这两位设计师以及包豪斯的首任校长格罗皮乌斯的设计思想对雅各布森的影响比较大。1925年，正是包豪斯学校在教学改革方面的丰收时期，也是柯布西耶的现代主义设计的丰收时期。此时，人们追求简单美、几何美、功能美、工业美；抛弃一切装饰的因素，主张功能即是美。

雅各布森从功能主义出发，把形式与功能相结合，实践当时倡导的"形式服从功能"的设计理念。他所追求的形式显然偏向艺术化，因为他从小就对绘画感兴趣，想当一名画家。而他的父亲建议他学习更具发展前途的建筑专业，他听取了父亲的意见，到皇家美术学院的建筑专业学习，于1927年毕业。虽然没有学习绘画专业，但是他对绘画的情感始终不变，这种审美趣味自然转化到他的建筑和家具中。我们从他的椅子设计中变可窥视到这一点。《蚂蚁椅》（1952）、《7号椅子》（1957）、《天鹅椅》（1958）和《蛋形椅》（1958）等坐具的线条都非常流畅而优美，造型自由奔放、无拘无束；它们都具有柔性美（女性美）的特征，具体地说，它们都借鉴了女性身体的外形特点来塑造一个柔性的空间，目的是把人们对女性美的喜欢转移到坐具上来。

然而，雅各布森却说："我没有哲学，我最喜欢的事情就是坐在工作室里。"①而弗兰克·劳埃德·赖特却说，不存在没有哲学的设计。从哲学的本原来看，哲学存在于一切事物当中，正如老子的"道"也存在于万事万物中一样，在雅各布森的设计实践和设计作品中自然应该存在某种哲学思想。他说自己是一个没有哲学思想的男人，显然想说明他没有借鉴某个已存在的哲学观点。

事实上，他确实的没借鉴任何哲学观点吗？现代主义倡导的"形式追随功能"这一思想就是哲学思想。他的椅子所折射出来的"女性主义"也是一种哲学思想，它与"女权主义"有一定的联系。他的椅子具有功能美和艺术美，具有人性化的特征。人性化意味着以人为本，"以人为本"即是设计哲学思想。此外，他受其他设计师的思想的影响，例如格罗皮乌斯、柯布西耶和赖特，这三位大师都在设计中信奉某一哲学理论。他们的哲学思想都表现在自己的设计作品中。我们如何能够说："我只学习你的设计，不学习你的设计哲学？"这种说法显然忽视了哲学的物质性，设计哲学来源并存在于具体的物质世界里。

概括地说，雅各布森在20世纪70年代之前的设计实验是把女性人体的美与坐具的功能相融合，或者说在椅子里塑造具有女性美特征的实用空间，让坐在椅子里的人感觉到丝丝温柔和安慰。除了围绕着人体特征来设计椅子，他的椅子还能很好地衬托出使用者的形象。雅各布森的设计已经超越产品的功能性，考虑到人与产品的多重关系，以及产品与环境的关系。因此，他的椅子可以放置在任何一种场合：私人房间、会议室、公共场所等。这些椅子既是坐具，也是空间中的装饰艺术品，能给空间带来活力（生命

---

① 原文见网址：http://www.barcelona-design.com/blogs/news/arne-jacobsen-a-man-with-no-philosophy，2018-09-15。

力），丰富了空间的层次感和艺术性。

二、有力的怀抱

借鉴人体的结特特征来制作椅子的设计师还有汉斯·韦格纳和卡塔诺·佩斯。韦格纳于 1960 年设计了《牛形椅》(Ox Chair)，这把椅子由一个线条简练的金属底架支撑，座位、扶手和靠背构成一个抽象的男人体造型，它显得稳健、有力。敞开的结构让人联想到热情的怀抱，从而让人产生归宿感和安慰感。与雅各布森的蛋形椅不同的是，韦格纳没有借鉴蛋形，仅借鉴牛的结构特征，所以显得更加有力。其腿部前高后低，向后倾斜，这让我们想起工艺美术风格的《莫里斯扶手椅》，因为两者的结构相似。

韦格纳的扶手椅创作于 1960 年，它具有男性的阳刚美、力量美，整体感觉自由奔放、简洁大方、干脆利落。与《莫里斯扶手椅》相似，它的后腿向后下方倾斜。椅子的内空间犹如男人的怀抱，坚强有力，具有保护感。塑造这个空间的主要的因素有两个：一是两条宽粗的"臂膀"（扶手）保护着坐着的人；二中靠背上方部分的结构犹如一双粗大有力的双臂环抱并保护着人的头部（见图 4-8）。

图 4-8　汉斯·韦格纳，牛形椅，1960，新皮革，金属底架

三、女权主义？

1969 年，卡塔诺·佩斯设计了 Up 5 Lounge chair，又称为《多纳》(Donna)或《妈妈》，这款坐具亦配有一把圆球形的搁脚凳。全套坐具以海绵为主要材料，表面用红色的布包住。这套坐具给人活泼、热情的印象，而且有一定的动感。这套坐具借鉴了丰满的女性人体（母体），表达一种回归母爱的设计理念。《妈妈》比雅各布森的《蛋形椅》显得更加休闲、厚实和舒适，容易让放松身心（见图 4-9）。

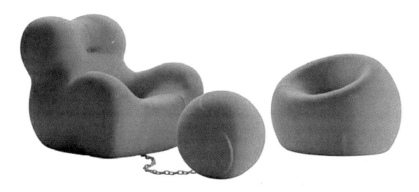

图 4-9　卡塔诺·佩斯，妈妈，1968

在职业方面，卡塔诺·佩斯来往于纽约、巴黎和威尼斯之间。他既是艺术家，也是设计师和建筑师。他任教于斯塔斯堡建筑学院（Ecole d'architecture de Strasbourg）。20世纪60年代，他开始设计家具。他曾经与多位前卫艺术团队合作，完成多个建筑项目，包括1975年建造的装饰艺术博物馆（musée des Arts decoratifs de Paris）、1986年建造的斯塔斯堡现代艺术博物馆（musée d'Art moderne de Strastourg）。

1968年，卡塔诺·佩斯在洗澡时获得一个设计灵感。他手中拿着一块海绵来洗澡，在这个过程中，海绵的压缩和复位的能力刺激他思考一个问题：是否可以制造一张有同样的收缩和复位能力的椅子？于是他使用聚亚安酯（polyurethane）来做一个4英寸厚的盘子，他把PVC封套卸下后，这个盘子便升起来，形成一张松软的扶手椅。因此，佩斯把这款椅子命名"Up"，有"起来"和"涨起"之意。这个女性人体造型的坐具借鉴了古代生育女神的体形。

佩斯说："女性受苦于男人的偏见。这张椅子建议大家来谈论这个问题。"①谈论女性人体在艺术和设计中的运用时，人们便自觉地想到"女权主义"和"女性的伟大"。正因为这把坐具可能指向多个层面的意思，因此，它有多个名称，如"La Mamma""Big Mama""Donna"。当人坐在"妈妈"肥厚柔软的身体上时，关于"女性的权力"的思考便开始了。佩斯想把较深刻的社会问题融入日常产品的设计中，让人们在日常生活中经常思考，形成社会共识，从而逐渐解决这类问题。设计师的想法是好的，女性是人类的生育之神，为人类的繁衍作出了巨大的贡献，女性因此而变得伟大。但是在旧社会里，女性的这一贡献并没有受到重视，反而女性被仅仅认为生育的"工具"。因此，女性并没有地位，没有受到足够的尊重，没有足够的尊严，她们几乎是被社会思想囚禁的"犯人"。这把坐具因其平底"无足"和直接着地的结构特点，让人感觉它被指定"蹲坐"在地上，永远无法"站立"（Up）起来，这一造型事实折射出女性比男性低等的社会地位问题。佩斯大胆地把女性的"工具性"和椅子的"工具性"联系起来，通过这款坐具的"商业性"反映出女性的"商业性"。商人、使用者和观者在面对这把特殊的"工具"时，便直接

---

① Hannah Martin. The Story Behind Gaetano Pesces's Loconic Armchair [EB/OL]. [2017-09-13]. https：//www.architecturaldigest.com/story/the-story-behind-gaetano prses-iconic-armchair.

面对尖锐的社会问题。

这款椅子具有革新意义。它轻便，所以容易搬运。作品问世后的第二年，即1959年，意大利B&B公司（也被称为C&B）开始生产这款椅子。可惜的是，这款椅子因其使用的发酵剂和聚亚安酯混合产生甲烷，对臭氧层有害。因此，该公司后来停止生产这款椅子。2000年，该公司再次生产这款椅子，此次的产品完全消除了甲烷，成为安全、环保的坐具。

他的设计有以下几个特点：第一，材料多样化；第二，形式自由而具有原创性，甚至出乎人们意料之外；第三，理想主义，甚至乌托邦主义；第四，社会教育意义较强，这与他的教育工作者的身份有一定的关系。

从传统的椅子结构的角度来看，"妈妈椅"没有腿，无法站立起来，所以它不是椅子，也不是凳子，它是一款新概念坐具，因为它们都具有坐的使用功能。新概念坐具在造型结构方面不受任何限制，它可以是一个球、一个方块物，甚至可以是某一种有名称的物体变来的，例如把桌子变成坐具，看起来像桌子，实际上是坐具。或者把狗的造型玩具变成坐具，从而既是玩具，又是坐具。它甚至可以由人体造型演变而来。

如果设计师们认为任何东西，只要它可以提供坐的功能，它便是坐具，这样的思想迟早会带来不好的社会影响。因为，这里有两个问题：功能转化问题和工具化问题。功能转化，即把某一种物体（名称）转化成另一种物体（名称）。具体地说，把一只狗（的形象和造型）的自由的动物属性变成无自由的工具属性；把一个（男、女）人（的形象和造型）的自由个体的人属性变成了无自由的工具属性。虽然，设计师仅使用这些生物的形象或者造型，仅仅是一种假象，但是人类有联想和想象的能力和习惯，当人类看到某种生物的形象和造型时，会自觉联想到真实的生物个体，想象他（她、它）们原来的属性。如果设计师把这些生物的假象作为坐具的形象和造型，势必让人有以上思维，必然让人产生不适感，甚至是厌恶感。

虽然卡塔诺·佩斯声称，希望这把椅子能让大众来一起思考女性的不平等社会地位的问题，希望在商人和消费者进行商品交易时能考虑到女性的交易属性和商业化问题。可是，问题得到解决了吗？大众真的能够意识到设计师的设计意图吗？即使意识到了设计师的设计意图，大众又会接受吗？假如开始时接受，在今后使用坐具的过程中还会继续有同样的思考吗？既然要保护女性和提高女性的地位，为什么还要继续交易"妈妈"的身体？为什么还继续坐在"妈妈"的身体之上？为什么依然让"她"坐在地上？因此，我们可推断卡塔诺·佩斯的话是一个谎言，是一个设计的借口。这个借口是为了维护他的露骨的设计。

设计师可以借鉴某种生物的形象和造型来制作坐具，其前提是需要抽象化，让坐具的形象和造型与生物原有的形象和造型脱离关系，这是艺术化的过程。假如设计师的作品与原有生物形象和造型过于接近，让人一看到坐具便自然联想到某种生物，这显然不符合设计的伦理道德。尤其是当设计师需要借鉴人体的形象和造型时，更需要抽象化和艺术化。

产品与艺术品不同，艺术品主要是提供审美功能，而不是主要提供使用功能；而产品主要是提供使用功能，其审美功能必须从属于使用功能。

我们如何才能够使用"妈妈"的身体？这是设计师们必须思考的问题。

四、新生物主义的哲学内涵

约翰·雅各布森在制作椅子时借鉴了蛋形，让使用者在感受椅子所带的体贴感的同时，也产生回归母体的情感，心理得到一定的安慰；汉斯·韦格纳采用男人体的造型特点来制作椅子，让使用者在体验到椅子所带来的舒适感时，也体验到男人强健和温暖的怀抱所带来的"被爱"的幸福感；卡塔诺·佩斯则采用生育女神的体形特点来制作椅子，让使用者在体验到舒适感的同时，也思考女性的社会地位这一尖锐的社会问题。以上这三类作品都充分体现了产品的使用功能和心理功能，心理功能是20世纪出现的新需求。心理功能是通过使用功能来体现的，因此，设计师有必要思考和预设使用者在体验过程中的身体感受和心理感受，从身体的感受转变到心理的感受，从物质层面上升到精神层面。

使用者的体验过程也提出了一个新的问题：生物中的生物，或者身体中的身体。具体地说，当人坐在一个与自己的身体特征和属性有密切关系的空间里时，人与物之间的关系是怎样的？

首先，椅子是一个载体，它可承载人的身体。它既有主动性，也有被动性。从表面上看，它主动提供"坐"的功能。但是，当人入坐后，它却"被坐"了。对于这个特殊的"人体"来说，这便产生了一种矛盾的心理。什么身体有"坐"的功能？普通的人体没有这样的功能，只有当我们把"人体""工具化"了，这个"人体"才有这样的功能。在设计师和制造者把"人体""工具化"的过程中，设计师和制造者的行为是主动的，"人体"则是被动的。这样一来，"人体"坐具便不是真的主动提供"坐"的功能，而是被指定提供"坐"的功能，这是一种被动性的主动——看似主动，实质是被动。在这个过程中，主动者是因为拥有自由，可以选择并控制自己的行为，所以才能主动；被动者是因为失去（暂时失去）自由，无法选择和控制自己的行为，才变得被动。因此，采用"人体造型特点"来制造椅子，便产生这样一种矛盾关系。

主动性和被动性的问题在使用者的心中会产生一定的情绪：批判、气愤、同情、愉悦、安慰等。然后，这种情绪逐渐演变成某种情感：关爱和喜爱。这种情感正是这种新生物主义设计方法的最终目标。同时，这也是当代艺术作品中常见的感情渲染手法。当代艺术作品通过某一物体（图像或者实物）来叙述某一段故事，或者陈述某一种社会现象，引导观众理解作品，最后产生共鸣，形成观众对作品的情感（或者对作品所表现的内容产生共鸣）。可见，以上三位设计师不再仅仅停留在坐具的功能和舒适层面，更上升到艺术作品的内涵、精神和情感层面。

由此可以想象，当人坐在艺术品中的时候，自己也是不是被艺术化了？自己也是不是成为艺术作品中的一部分？如果是这样，那么，这个"自己"是主动"艺术化"还是被动"艺术化"？一个新的矛盾关系便衍生出来了。

第五节　封闭的空间设计

进入20世纪后，椅子设计师在设计方法方面做了不少的探索，如几何设计方法论、空间设计方法论、新生物主义设计方法论等。在本节里,我们介绍私人空间设计作品。设计师们尝试塑造一种半私人的空间,让使用者把自己隐藏(封闭)起来。

为了在坐具中塑造私人空间,设计师们还借鉴半圆形来做设计。在这方面具有代表性的设计师包括艾洛·阿尼奥和克里斯蒂安·达尼诺斯。阿尼奥在椅子设计领域中创造了两个先例:第一,他是第一个使用塑料来制作家具的家具设计师;第二,他是第一个创造半球形坐具设计师。

一、球形椅

1963年,艾洛·阿尼奥在前几位设计师的设计理念基础上,设计了《球形椅》。它呈半球形,由一个低矮圆形的台座支撑。球体的内壁由一层厚海绵装饰,其表面由一层红色的布包着。球形椅也配有一个坐垫,是椅子的座位。椅子的整体结构看起来像我们今天普遍使用的电脑摄像头。而当时并没有普及电脑摄像头,这是不是说明艾洛·阿尼奥的设计观念非常超前?这把椅子也具有弧线美,这种美可以体现简洁性、速度感和效率感,而这3种品质正是现代生活的特征(见图4-10、图4-11)。

图4-10　艾洛·阿尼奥坐在球形椅里

图4-11　艾洛·阿尼奥,球形椅,1963

艾洛·阿尼奥的《球形椅》体现了"私人空间"这一概念,这个概念在当代设计中经常被引用。"私人空间"让人产生一种被保护的感觉,同时也能给人带来一定的安定感。当一个人坐在这张球形椅里时,椅子把人体围住(抱住),所以能给人体一定的保护,这时,坐在其中的人暂时得到心理满足。让·路易·加耶曼(Jean Louis Gaillemin)谈到这把椅子时说:"最激情的人们可以在那里相爱,它的开口让人想起最具挑逗性的感觉。"①对于加耶曼来说，这张球形椅看起来像贝壳、蛋壳、巢、鸡蛋，"这是让达利得到启发的能给'子宫'生活带来幸福的象征"②。让我们回到实际生活中，珍珠来自于贝壳，鸟儿生活在它的巢里，小鸡从鸡蛋中孵化出来。当人进入这样一把椅子内部时，似乎回到了人的本源，找到了归宿，得到某种暂时的满足或者某种虚拟的保护。虽然人们对此类椅子的感觉是多样的。但是笔者认为，每个人都应该能体会到暂时的安全感。在当代艺术和设计中，"自我满足"这一概念被许多设计师运用在作品中。

阿尼奥说："一把椅子是一把椅子……但是一个坐位不一定是一把椅子，它可以是任何东西，只要它符合人体工程学标准就可以了。"他还说："设计意味着永远的革新、重组和发展。"③以上这些观点说明阿尼奥肯定了传统椅子的基本结构：腿、坐位和靠背，因此，他的"球形椅"是一把坐具——能让人坐的工具，而不是一把椅子。

二、泡泡椅

1968年，克里斯蒂安·达尼诺斯采用相似的理念设计了一把坐具，称为《泡泡椅》(见图4-12)。一个金属架支撑一个由透明有机玻璃制成的半球体"水泡"，内置一张长坐垫。从造型结构来看，我们自然想起艾洛·阿尼奥于1963年设计的《球形椅》。内壁没有软包料，也许是为了保留有机玻璃的透明性质。与阿尼奥不同，达尼诺斯以另一种方式体现舒适度、安全感和私人空间感。因椅子透明性，所以设计师想表达的是外界(观者)能看得见舒适度、安全感和私人空间感。此外，坐在椅子里面的人，可能感觉正在随着"水泡"自由、开放、安全地飘浮在

图4-12　克里斯蒂安·达尼诺斯，泡泡椅，1968

空中，浪漫主义色彩更加浓厚。这样的设计理念也许与以下三个方面有关：主动的生活态度、个性外向化、个人的存在感。由此我们知道，虽然设计师都把人置于半球体内，但是，阿尼奥与达尼诺斯在表达个性方面是相反的，前者内向化，后者外向化。

---

① Jean Louis Gaillemin. Réunion des musées nationaux; Galeries nationales du Grand Palais, Design Contre Design: deux siècles de création[M]. Paris: Réunion des musées nationaux, 2007: 337.
② Jean Louis Gaillemin. Réunion des musées nationaux; Galeries nationales du Grand Palais, Design Contre Design: deux siècles de création[M]. Paris: Réunion des musées nationaux, 2007: 337.
③ Charlotte and Peter Fiell. Scandinavian design[M]. Taschen, 2013: 90.

三、新概念坐具

以上这两种产品是椅子吗？从传统的椅子造型结构来看，《球形椅》和《水泡椅》没有腿，所以它们既不是椅子，也不是凳子。从功能的角度来看，它们都是新概念坐具，因为它们都具有坐的使用功能。新概念坐具在造型结构方面不受任何限制，它可以是一个球、一个方块物、一个可以移动的或者不可移动的小空间，只要它是可要坐的工具（器具、物体）。以上这两把坐具便是可移动的小空间。卡塔诺·佩斯的《妈妈》也没有腿，所以它也是新概念坐具。

从功能的角度来看，这两种半封闭的可移动空间可以满足人们在公共场所中相对独立和私人的空间的需求，例如图书馆、客厅、走廊等。达尼诺斯后来还在原来的《球形椅》的基础上加入打电话功能，改变了20世纪下半叶的时尚生活方式。

从心理学角度来看，人类很难拒绝坐在一把圆形的坐具里，因为这个空间符合人体的结构特征，例如，胎儿在母体时，他（她）处于一个圆形的空间里。人类喜欢这样婉转圆润的空间，圆形比方形更能使人感到舒适和体贴。因此，当人坐在半圆形坐具里的时候，除了能感受到圆形与身体的和谐关系，还可能产生回归母体的情感。

第六节 设计实验的成果

20世纪上半叶，斯堪的纳维亚坐具的其他特征有以下两点：

一、抽象化

以上我们谈论绝不能的坐具都是工业产品，因此，它们属于工业设计范畴。莱斯利·皮娜（Leslie Pina）认为，从20世纪20年代后期开始，"工业设计不再是机器的装饰，而是机器的艺术"[①]。也就是说，设计师们研究使用机器的方法，而不是研究设计本身。机器成为代替手工操作的工具。皮娜推理出一个公式，该公式描述了工业设计的特别定义："批量生产+抽象艺术＝工业设计。"抽象艺术因其艺术价值而受到人们的喜爱，从包豪斯开始，设计受到抽象艺术的影响。其中一个例子便是里特维尔德于1923年制作的《红蓝椅》和布劳耶于1925年制作的《瓦西里扶手椅》。包豪斯关闭之后，这种抽象化趋势继续在欧洲和美洲蔓延开来。因此，我们陆续看到抽象造型的坐具问世，比如，艾洛·阿尼奥于1963年制作的《球形椅》和1968年达尼诺斯制作的《水泡椅》。最为抽象的艺术椅子是阿尼奥于1971年设计的红色《番茄椅》。

斯堪的纳维亚的实验椅子中表现出来的抽象性直接向传统坐具形式挑战。设计师主张用新的眼光看新世界，坐具可以没有腿、扶手和靠背。更准确地说，现代坐具的腿、扶手和靠背的形式可以与传统形式完全不同，可以以抽象化的形式存在。这种抽象化实际上与艺术性有直接的关联。

---

① [美]莱斯利·皮娜. 家具史：公元前3000—2000年[M]. 吕九芳，吴智慧，等，译. 北京：中国林业出版社，2014：271.

二、艺术化

20世纪初，欧洲设计倾向于艺术化设计，设计师所设计的坐具都具有一定的艺术欣赏价值。因此，我们把这些椅子称为实用的"艺术作品"，因为它们牵涉弧线美、抽象艺术、自我满足、内向延伸、外向延伸、现代生活的建设等诸多审美特征。出现艺术化现象的主要原因有三方面：一是大众需要艺术化的生活，需要更美好的生活；二是设计师的双重或者多重身份；三是越来越丰富的社会文化生活。

工业化大生产确实为人类提供了更加丰富的物质生活，20世纪初，人们已经不再满足于基本的物质需求，对美的需求越来越强烈。人们需要艺术化的生活、浪漫的生活和舒适祥和的生活环境。工艺美术运动时期大师们提出的"艺术为大众"的口号遇到了最合适的发展时期，一切条件都准备好了，包括经济、文化、政治和思想。坐具拥有双重功能，它可称得上实用的雕塑艺术作品。

坐具的双重功能折射出另一种现象，即现代设计师们也有双重身份或者多重身份。在此，我们可以列出一个长长的当代职业身份清单：建筑师—设计师、建筑师—高级细木工、艺术家—设计师、画家—设计师、雕塑家—设计师、歌唱家—设计师、艺术家—建筑师、艺术家—高级细木工等。在生活中，还有其他具有双重身份或者多重身份的设计师。

从20世纪50年代起，随着科学和技术的迅速发展，先进社会中的文化产品迅猛增加，例如电影、电视、广告等。艺术家、设计师和建筑师们似乎对多种专业感兴趣，我们称之为跨专业或者多重专业。因此，设计师们似乎显得比前辈更加多才多艺。他们在不同的专业领域中学习，或者与多种职业人员合作。在包豪斯之后建立的艺术院校也或多或少采用包豪斯创造的跨学科教育理念，并取得一定成果。

20世纪70年代，人体工程学和生态学取代了原来的实验性和造型艺术设计时代。设计师们开始测量不同的人的尺寸，以制造出更加适合人体的椅子，办公椅的设计尤其严谨，因为办公室人员长时间坐着处理业务，臂部所随的压力很大，长期坐在不舒适的椅子上工作，很可能导致职业病。办公椅的设计原则是让人们快乐地生活。

结　语

第一次世界大战改变了欧洲的政治格局和经济面貌，战后，参与战争的欧洲国家重建家园和重整经济。这一场战争也改变了大众的大部分美学观念，从而引发一系列美学革命。从某种意义上说，是政治革命引发了艺术革命。斯堪的纳维亚国家的企业和设计师在20世纪20年代到60年代末期间开展了一场自由而快乐的设计实验。设计实验实际上是对旧的设计观念的改革诉求，提出亟待解决的问题：如何借鉴传统观念；如何利用新材料来塑造新形式；如何满足当代大众的物质需求的同时，满足他们的审美需求。带着这样的使命，企业和设计师一致认同设计实验的可行性。经过多年的设计实践和研究，他们取得了丰硕的成果。

这个时期的设计受到"速度"这一概念的影响。不仅在生产中追求高效率，而且还研究各种能体现"高速"的设计元素。为此，设计师们多采用流线型设计。此时的设计特征是简单性、抽象性、造型创新、材料创新、劳动方式创新。因此，与"二战"前设计和生产的坐具，例如《瓦西里扶手椅》和《巴塞罗那椅》相比，"二战"后的坐具显得更加艺术化，更加热情、自由和抒情，例如《球形椅》和《水泡椅》。部分坐具展现了特别的设计概念，比如自我满足、内向延伸性和外向延伸性等。

如果我们说一把椅子具有双重功能——实用功能和艺术功能，这就提出了两个问题：关于实用功能和艺术功能两个极点之间的关系问题。即，从一端转化到另一端的可能性。一把实用坐具可否转化成为一件当代艺术作品？或者相反，一件椅子形式的当代艺术作品能否转化为一件实用坐具产品？这就牵涉坐具在当代艺术作品中的转化问题，我们将在后面的章节中谈论。总而言之，这一场设计改革的结果是出现了许多新型坐具，扩展了坐具的形式范围，椅子的概念再一次被质疑。

第五章 民主的设计

第一节 概 述

20世纪以来，中外家具设计师们积极思考和研究椅子的象征性、物质功能和精神功能，以期创造出许多造型各异、功能多样的椅子。现在，困扰椅子设计师的问题是方法论问题：我们做了大量的设计实验，究竟如何设计出一把好椅子？从20世纪以来的优秀作品中，我们不难发现，能给观者和使用者带来良好的视觉体验和身心体验的不是某个单一的元素，而是这些元素所塑造的整体空间。因此，从空间角度来思考椅子的设计问题可以成为一种有重要参考价值的方法论。空间的塑造与设计师的经历、性情、思想和哲学有紧密的联系。

现代椅子与古代椅子的设计理念不同，其功能和用途也不同。古代椅子注重象征意义：一把椅子可以象征其主人的身份、地位、权力、审美、经济情况等多种因素。而现代椅子则注重使用者的身心体验。现代家具设计师们已经深入研究椅子的造型、材料、色彩，以及椅子的舒适度、科学性、功能性和审美性。然而以上这些单一的元素都不能独自给使用者带来全面的身心体验，它们需要构成一定的空间，让观者通过注视这个空间后得到良好的视觉体验；让使用者进入空间并坐下后得到良好的身心体验。这里已经涉及3种体验：视觉的体验（即审美的体验）、身体的体验和心理的体验。从视觉体验到身体体验，再发展到心理体验，这不正是消费者对一把新椅子的体验演变过程吗？

现在，椅子设计师往往只思考某一种体验，例如只考虑到舒适度，所以选择能带来舒适感的材料，如海绵，而忽略了海绵所构成的空间整体对舒适度的影响，同时也可能忽略了椅子的各种构件之间的和谐性和整体性。因此，我们有必要把椅子当成一个空间整体来看待，并以此为衡量椅子设计的标准。

20世纪以来，有不少设计师从空间角度来思考椅子的设计，例如，荷兰设计师格里特·里特维尔德于1917年设计了《红蓝椅》的原型，1923年受荷兰风格派画家蒙德里安（Piet Mondrian）的作品的影响，他在这个原型的基础上设计出结构上更加和谐的扶手椅，并涂上三原色，形成了著名的作品《红蓝椅》。这款椅子塑造了一个独特的艺术空间，启发观者去联想、想象和思考。1958年，丹麦设计师阿纳·雅各布森设计了《蛋形椅》，塑造了一个温馨空间，让人产生归宿感。

美国建筑师和设计师弗兰克·劳埃德·赖特曾经于1957年说过："建筑师的使命是去帮助人们理解怎样把生活变得更加美好，把世界变得更加适合居住，并给生活赋予理性、韵味和意义。"①(The mission of an architect is to help people understand how to make life more beautiful, the world a better one for living in, and to give reason, rhyme, and meaning to life.)赖特在建筑设计中非常注重哲学思想的简述。空间哲学是他的建筑设计思想的核心,他也把这个理念运用于椅子设计中,塑造了独特的空间,给人带来独特的体验。

第二节 椅子的空间结构

赖特从20世纪初到去世之前,一直在研究有机建筑设计(Organic Architecture)和有机家具设计。有机性的核心是空间,他一直努力为居住者提供一个人性化的空间。第一次世界大战之前,他所塑造的建筑和家具空间还处在装饰艺术理念的范畴里,20世纪30年代,他的"有机设计"风格成熟了。在本节中,我们选择他于1937年设计的《滚桶椅》(Barrel chair,见图5-1)作为例子,来认识他的空间设计理念。椅子空间可以分成两个层次:一是椅子自身的内空间和外空间;二是数把椅子构成的空间。

图5-1 弗兰克·劳埃德·赖特,滚桶椅,1937

一、椅子自身的内空间和外空间

(1)内空间。扶手、前腿、靠背和下横条围成半圈,塑造了一个半圆柱体内空间,

---

① Frank Lloyd Wright. L'avenir de l'archtecture[M]. Paris: Lintteau, 2003: 10.

坐板把这个内空间分成上下两个空间，上空间容纳人的上半身，下空间作为人的腿部的自由活动区。

（2）外空间。广义的外空间是椅子的外部空间，是一个无限空间。狭义的外空间是观者从外部观察椅子的造型。

（3）内空间与外空间的联系。内空间与空间的联系包括两个方面，一是空气的流通；二是视觉的沟通。这两个方面的联系都需要开口（凿空、镂空）来实现。从正面看，我们可以看到椅子"正开口"，它有迎接人来坐下之意，这也是内外空间主要联系通道；从侧面看，我们可以看到椅子的"侧开口"（如旗袍的侧开叉），它有开叉纳气之意；从后面看，我们可以透过栅栏条隐约地看到了内空间。这种隐约感是设计师有意而为之，旨在于让靠背木板变得更加灵活、轻盈、透明，以增强节奏感和生命力。

二、多张椅子构成的空间

设计师在做设计方案时，除了精心设计单张椅子的内外空间之外，也有必要尝试把这款椅子构成多种空间形式。例如，两张椅子面对面摆放、三张椅子围成一圈、多张椅子围着桌子摆放。不同的组合将会产生不同的空间，设计师有必要尽量让每一种空间形式都能够产生和谐的视觉效果，因为这种视觉效果将直接影响观者和使用者的体验心理。不同的空间形式所产生的内涵则不同，如果两张椅子侧对摆放（见图5-2）或者面对面摆放，观者因为自身的生活经验，面对这样的空间时将可以联想到两人对话的温馨情境；而坐着的两个人能体会到两人之间的互通空间（两张椅子之间的空间感和距离感），

图5-2　两把椅子构成的空间

这是两点之间的沟通,(语言)沟通信息一来一往。此外,坐着的人还能体会到椅子原有的温馨的人性化的内空间,从而感受到自身的尊严和设计师对这份尊严的尊重。一个人带着尊严与对方进行对话,这样的沟通是人性化的;如果我们把三张椅子围成一圈,提供给三个人坐下来对话(聊天)。三张椅子所构成的外空间显得比较复杂(有趣),因为它们构成了一个三角空间,信息(语言或者注意力)从其中一个角传递到左角(左边的椅子)或者右角(右边的椅子),或者同时传递到左右两角(左右两张椅子),因此,这种空间具有一定的流动性。在这种流动性中,椅子个体给人提供的尊严感、尊重感、温馨感、舒适感都是和谐沟通的基础和前提条件。由多张椅子围着一张桌子摆放所构成的空间的内涵显得不同,但是对单张椅子的空间设计要求则与前面的例子一致(见图5-3)。概括地说,良好的单张椅子的内外空间是多张椅子能够构成良好的多种空间形式的前提条件。

图 5-3　多张椅子构成的空间

赖特自从进入建筑与家具设计领域以来,一直思考空间问题。正如老子讲的"空"的哲学内涵,因为"空"才能展示物质的功能,"无"中包含着多层次的"有","有"的本质内涵在"无"中得到具体体现和无限延伸。现在,我们有必要谈论赖特的空间设计哲学思想。

第三节　空间设计哲学

赖特于1959年说过:不存在没有哲学的建筑,不存在没有哲学的任何艺术门类。哲学思想是设计和艺术的本质,我们甚至可以说,哲学思想是设计的根基,设计理念是枝干，设计作品是花叶，设计成就是果实。

赖特在他的著作《遗嘱》中写道："我重申，真正的建筑的最主要的活力，应该表现在一种自然的健康的哲学中。"①赖特的建筑能解放人类，让人类拥有自由的、自然的生活。② 他设计的家具风格与其建筑风格相呼应。坐在他的椅子上或者住在他的建筑里，让人感觉精神得到解放，感受到生活的自然与思想的自由，这是健康的生活的标准。在他的设计思想里，建筑和家具也是一种人文主义。

赖特的设计观念在一定程度上受老子的哲学思想的影响。他在1953年出版的专著《建筑的未来》中写道：

"现在，让我们暂时回到有机建筑的决定性的思想上来；这就是老子的思想，比耶稣早500年，据我所知，他是第一个提出这种观点的人。他认为，一个真正的建筑物并不是由四面墙和一个屋顶构成的，而是建筑物里的内空间，这是一个供人类生活的空间。这种观念完全推翻了所有的建筑方面的（古典的）理想的异教徒的观念，不管他们是怎么样的。"③

在老子的思想里，内空间是建筑里最重要的部分，因为内空间是给人类居住的部分，是建筑功能的体现，所以强调建筑物的内空间是一种功能主义观念。但是，在强调内空间的重要性时，他并不忽视外空间的重要性。对于老子来说，建筑物的外空间是自然。老子是自然主义的倡导者和践行者。他的自然主义思想涵盖思维方式、生活方式、治国理念、设计理念等。老子希望人们的生活能够自然化和自由化。他主张人与自然和谐共处。具体地说，人类不仅尊重自然，还要让自然自由地存在和发展，人类才能从中得到物质回报，即得到良好的生活环境。如果仅明白这一层道理，证明人类仅停留在事物的表面现象。人类应该与自然对话，发现自然的美、价值和哲学。只有这样，人类才会持续善待自然。人类善待自然实质上也是善待人类自己。

赖特是老子的哲学思想的追随者，当他强调建筑的内空间时，应该同时想到外空间，想到自然的重要性。当内空间与外空间进行沟通时，建筑便获得了气，便有了生命活力。如果赖特没有这样想，他就不会设计出有机住宅，例如流水房（Fallingwater house，1936—1939）。为了使建筑形态与自然形态区别开来，赖特采用几何结构来塑造他的建筑，不再采用动物和植物形态来装饰建筑。事实上，他的建筑没有装饰元素，所有构成元素不仅构成了建筑本体，也具有装饰功能，或者说艺术功能。

赖特把有机建筑设计观念运用在他的坐具设计中，因此，他的坐具也是一个有机整体。在《滚桶椅》里，赖特的空间设计有两个主要内容：一是塑造一个良好的内空间，二是建立内空间与外空间的联系方式。

圆形坐板被靠背、扶手和竖型脚所包围，构成椅子的内空间，也构成了椅子的中

---

① Frank Lloyd Wright. Testament[M]. Marseille：Parenthèses，2005：75.
② Frank Lloyd Wright. Testament[M]. Marseille：Parenthèses，2005：27.
③ Frank Lloyd Wright. L'avenir de l'archtecture[M]. Paris：Editions de Lintteau，2003：250.

心。红色坐垫强调了座位的中心性和目标性。这里牵涉两个问题，一是坐在椅子上的人被中心化，或者说赖特想塑造以人为中心的座位。二是木制部分均涂成深黄色，而软坐垫则使用红色，吸引人的注意力。强调座位的目的是明确坐的目标，让想坐下来的人产生明确的目标感。当椅子的内空间形成时，椅子的外空间也随之形成。

在谈论内空间与外空间的联系方式之前，我们首先需要明确两者之间的逻辑关系。内空间是前提条件，外空间是派生物，后者依赖于前者。意思是说，我们塑造了内空间之后，自然产生与之相对应的外空间。事实上，人类很难塑造一种外空间，因为外空间是相对于内空间而言，没有内空间，我们便无法谈外空间。而且一个物体的外空间一般是无限延伸的空间，在无限的外空间里，人类还可以塑造无限的内空间。

赖特注重空间的塑造，更注重内空间与外空间的联系通道的塑造。不管是建筑还是家具，他的设计过程实质上是构思理想空间的过程。《滚桶椅》的原型是圆形的滚桶，我们可以想象赖特的设计过程就像雕刻家的雕刻过程。雕刻家采用去除法，把整块木头中多余的部分切除掉，以塑造预先设计好的理想造型。赖特在构思的过程中利用去除法，把多余的部分去除掉。当然，赖特并不使用一整块木头来雕刻成一把椅子，他仅仅借用滚桶这个形态来构思椅子的形式。因此，我们可以说，他在构思时采用减法，但是在制作时，则采用加法，他用一根根不同长度和造型的木条来塑造他的椅子。

椅子中环绕的部分是内外空间的隔离物，赖特借用镂空的理念来建立内外空间的联系通道，让内外气息流通，给坐在椅子上面的人提供身体上的舒适感，也给观望的人提供视觉上的通透感，从而产生心理上的舒适感。这些（内外通道的）空间的规格和形状各异，能产生良好的节奏感和层次感。

赖特在椅子中追求的空间哲学，在整个建筑整体中也讲究同样的哲学，内外空间哲学正是他的"Prairie Style"（草原风格）的理论基础。

第四节　民主的空间设计

赖特的空间设计哲学的最终目的是在椅子中塑造一个小的民主空间，以及使用民主的椅子来塑造一种更大的民主空间。民主的空间设计意味着该设计应该具有朴实、严谨、谦虚、平和、稳重、大方、功能性强等美学特征。在此，我们是否可以大胆地提出一种精神性公式？信奉老子哲学和孔子哲学的设计师，其设计风格一般来说都具有以上品质。虽然他早期的家具设计主要受工艺美术运动思想的影响，但是，此时他已经开始寻找打破这种传统的方式。1894年，赖特就提出这样一种观点：设计师应该把家具列入公寓设计方案中，因为公寓和家具应该形成一个整体。① 他认为，建筑物是一种完整的艺术，因此，家具是艺术品中的不可缺少的部分。坐具是居住者日常休息时使用的工具，它的重要性是显而易见的。坐具的设计自然成为赖特的重要工作之一。在他的文献

---

① 赖特说："The most truly satisfactory apartments are those in which most or all of the furniture is built in as part of the original scheme considering the whole as an integral unit." https://www.curbed.com/2017/3/22/15023416/frank-lloyd-wright-furniture-prairie-robie-hous，2018-10-17.

里，有 300 多张不同的椅子设计稿。

影响赖特的坐具设计思想具有多重性，其中包括工艺美术运动（Arts and Crafts Movement）、前拉斐尔派（Pre-Raphaelite Brotherhood）和新艺术运动（Art Nouveau）、装饰艺术运动（Art Déco）。影响他的前辈包括威廉·莫里斯和约翰·拉斯金（John Ruskin）。我们在下文中分析他的部分椅子设计作品。

赖特的民主空间理念主要表现为：第一，身体的舒适性，即物质功能，通过调整靠背、坐板、扶手和腿脚的规格、倾斜度和软料来实现；第二，心理的舒适性，即精神和心理功能，通过柔和的造型和暖色调来实现；第三，和谐的整体感，即建筑与室内家具和设施形成一个和谐的整体，缺一不可；第四，所有元素共同构成一件艺术作品，即每个构成元素都经过精心设计，每一个个体既是一件独立的艺术品，又与其他元素构成一件大的艺术品。简而言之，这是艺术品中的艺术品。

1910 年，他在德国考察时说："To thus make of a dwelling place a complete work of art…this is the modern American opportunity."①（要使居住地变成一个完整的艺术作品……这是现代美国的(发展)机会。）这样的设计思想并非赖特独有，当时整个欧洲和美国的设计师都在追求"现代性"，主要表现就是尽力把每一个设计元素，例如灯光、家具和室内装饰等，合并成一个艺术整体，即"Gesamt kunstwerk"（德）、"total work of art"（英）、"travail d'art total"（法）……

1889 年，他 22 岁，与凯瑟琳（Catherine Lee Tobin）结婚，并在芝加哥的郊区买了一块地，设计并建造自己的第一栋房子。受莫里斯的《红房子》的风格的影响，他也采用丰富的小造型建筑构成一个大的建筑群体。与中世纪的严肃的建筑风格相比，这种层次感增添了世俗化的生活气息。室内的家具与建筑结构融为一体。在温暖的室内空间里，椅子起到了画龙点睛的作用。无论把这些椅子摆放在什么位置，都觉得合适。这说明椅子的融合性非常强。这款椅子的基本结构明显受到《莫里斯扶手椅》设计风格的影响，他在中世纪艺术的风格的基础上融入当代世俗生活的喜庆感，具体操作方法是简单化、规律化、重复化。木材的深暖色调和软垫子红色调都为室内空间增添了喜庆感和温馨感。室内各种元素都采用朴实的造型配以温暖的色调，所有元素共同营造出一种可以安慰人心的民主空间。每一个元素都有其独立的功能和意义，缺一不可（见图 5-4）。

赖特从中世纪艺术中吸取了丰富的精神营养，例如朴实、稳重、实在、可靠、诚实、深刻等品质。他抛弃了中世纪的低沉的色调、古板的造型和凝重的气氛。同时也从工艺美术运动思想中吸取了新的理念，例如，"艺术为大众服务，服务于消费者"这样的理念越来越强烈，这是进入民主的商业社会的信号。符合马克思提出的社会整体性理论，即设计师与大众有紧密的联系，任何人都不能把自己从社会中孤立出来。设计师必须服务于大众，把艺术品位传递给大众，为大众创造更丰富的物质生活和精神生活。基于这样的思考，赖特把中世纪的艺术激活了，把它世俗化了，更加尊重人的使用体验。

赖特于 1901—1902 年间设计了高靠背椅子，作为人们进餐的坐具。如果我们仅仅从高靠背这一点来看，我们自然会联想到苏格兰的设计师麦金托什（Charles Rennie

---

① 原文见网址：https://flwright.org/researchexplore/primarycollection，2018-10-17。

第五章 民主的设计

图 5-4 弗兰克·芝埃德·赖特，芝加哥的房子（工作室）里的室内空间和椅子，1889

Mackintosh）的高靠背餐厅椅子。麦金托什的高靠背餐椅为进餐的人营造了相对较私密的空间。如果我们抛开"高"这一特点，尝试把赖特的坐具作为一个整体来看，我们便发现，关于赖特借鉴麦金托什的设计理念这样的追问似乎不够全面、不够客观。因为麦金托什的高椅子属于典型的新艺术风格派，他在椅子中所塑造的空间是个性化的艺术空间，有时我们甚至能够意识到冷漠或者高傲的气质。总之，其艺术性和个性远胜于实用性和民主性。这与麦金托什的个性特点有密切的关系；而赖特的高椅子除了具有一定的中世纪艺术特征之外，还具有现代主义所主张的简单化和标准化的特点。因此，我们可以说，赖特从麦金托什的设计中找到了空间设计理念，即在椅子中塑造了相对私密的空间。我们无法发现他具体受哪位设计师的影响，他把中世纪的艺术特征和当代设计师的理念融合成一个整体，或者说，他在设计史中找到他感兴趣的观念（见图 5-5）。总体来看，赖特在这款无扶手的高靠背餐椅中，把中世纪艺术进行了简单化、抽象化和几何化的处理。这是赖特的现代主义设计的萌芽

图 5-5 弗兰克·劳埃德·赖特，无扶手的餐桌椅（side chair），1901—1902

阶段。

赖特在19世纪末和20世纪初的椅子设计受工艺美术运动思想和工业化大生产潮流的影响较明显。例如，他于1904年设计了《旋转扶手椅》（Revolving Archair，见图4-6）。使用钢铁和木材来制造。赖特给四个脚分别装上轮子，方便滑动。在坐板下方加上转动装置，可自由转动。从整体来看，这款椅子仍然具有较浓重的中世纪艺术特征。实际上，赖特把中世纪的艺术工业化了，或者说这款椅子是工业化的中世纪艺术形式。在这一点上，赖特的设计具有一定的先进性。然而，这样的分析还不够全面。我们尝试把赖特的《旋转扶手椅》与安东尼奥·高迪的椅子放在一起，进行对比，两者的共同点便显示出来：模仿人体造型（见图5-6、图5-7）。

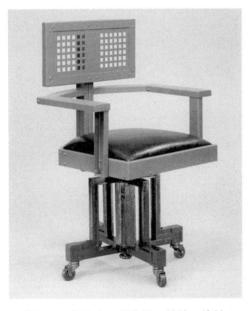

图5-6 弗兰克·劳埃德·赖特，旋转扶手椅，1904

图5-7 安东尼奥·高迪的椅子，1900

从这件作品中，我们可以看出，此时赖特开始思考方便性，包括转向的方便性和移动的方便性。此前所设计的椅子相对比较厚重，不易搬动，这与他的整体观念有关，即家具与室内设计形成一个整体，不可分割，所以他当时没有思考自由移动和自由转动等问题。对于方便性的思考是赖特的设计革新行动的开始，但是，正如我们在上文中说，他在中世纪的艺术中吸取了丰富的精神营养，所以具有朴实、诚实的品质，再加上他的热情和博爱的品质，他很少把冰冷的钢铁运用在他的家具和建筑里。他钟情于木材这种自然的、人情味更加浓厚的物质。赖特在他的职业早期，尝试使用钢铁与木材来制造"旋转椅"，这是罕见的例子。与中世纪的家具相似，这款旋转椅造型古板，显得比较厚重。木材与金属因其截然不同的属性，似乎不能"和谐相处"。此后，赖特极少在家具和室内设计里使用金属。

第五章 民主的设计

欧美国家的现代主义设计趋势越来越赖强烈,赖特依然坚持追求他的民主空间设计理念。他于 1908 年为罗比住宅(Robie House)设计一套桌椅,在这个作品中,他从材料的统一性、造型和高度等几个方面思考,巧妙地把桌子和椅子联系在一起,形成了一个和谐的有机整体。更有趣的是,他在桌子的四个角各安装一盏灯。人们在进餐时,可以把其余灯光关掉,只打开桌子上的餐灯,这样做能够得到烛光晚餐般的温馨的灯光效果。此外,椅子的高靠背为坐着人提供一个相对私密的空间。所有的高椅子围着桌子摆放,构成了一个方形小空间,这就是空间中的空间,即室内空间中的小空间。我们可以想象一家人围在桌子旁边一起快乐进餐的幸福情景(见图 5-8)。

图 5-8　弗兰克·劳埃德·赖特,餐桌椅,1908

1936 年,约翰逊与赖特会面之后,很快便委托赖特为他的员工设计一个大型的工作空间,并希望这个空间能给员工们带来更多的灵感。要创造一个能够带来灵感的空间,一般来说必须符合多个条件:功能性、原创性、前瞻性、舒适性、和谐性、延伸性、集体性。① 这对于赖特来说是一个挑战,而对于顾主约翰逊来说,则是一次赌博。具体地说,不管在设计理念方面还是在建设经费预算方面,赖特都敢于冒险。为了取得最好的功能效果和视觉效果,他不惜经济代价使用新技术、创造新造型。

他为约翰逊的员工们设计了舒适美观的桌椅。桌子和椅子的风格一致,形成了一个

---

① 延伸性,即从三维空间角度来衡量,这个空间要宽敞明亮;集体性,即(大)部分员工在同一个大空间里同时工作,起到互相鼓舞和带动的作用,因为当一个人独自在一间小的办公室工作时,容易出现困倦和麻木的感觉。在一个大空间里工作时,随时可以看到同事们在认真地工作,这种精神会互相感染,鼓舞士气,从而建立集体主义精神。

有机的整体。椅子以钢铁作为主结构,并涂成红色(也有黑色的版本);两个扶手用木材制造,其颜色与金属结构的颜色一致;靠背和坐板都装上红色海绵软垫。

这款椅子中最具创造性的元素是赖特对圆的熟练运用:靠背和坐板都是正圆形,坐板下方的横条变成环状金属结构。我们可以观察到一个正圆从上方直立状,逐渐转成水平状,然后向下方移动(见图5-9)。事实上,我们有一种错觉——或者这是赖特有意而为之,他将椅子的结构和凳子的结构巧妙地融合成一个整体,但是又能够辨认出两者原有的结构。凳子结构包括4条腿、1根横条(用圆形来代替)和1个圆形的软包料坐板。

图5-9 弗兰克·劳埃德·赖特、约翰逊·杰克斯(Johnson Wax)的办公桌椅,1936

椅子部分的靠背和后腿不变，融合的部分是椅子的前腿和凳子的后腿，两者合二为一，形成中部的腿。因为，这两条腿不着地，所以它们所承受的压力通过弧形的金属横条传递到椅子两条前腿和两条后腿上。扶手下方的金属横条也不是向下垂直，把压力直接传递到地面，而是向后方转折，把压力转到两条后腿上。这种做法的效果是显露并扩展扶手下方的空间，增强结构的通透感，让内外空间进行沟通。整个金属结构的设计目标是衬托出圆形的靠背和坐板，"坐板中心化"的设计理念也体现在赖特的《滚桶椅》里。

这款红色的办公椅与红色的办公桌构成了一个温暖的空间，激励员工保持兴奋状态，以提高工作效率。我们可以想象一个令人振奋的场面：全体员工坐在同一个宽敞而舒适的空间里，共同为实现公司的目标而努力工作（见图5-10）。

图 5-10　赖特为约翰逊办公楼设计的桌椅

然而，赖特推行如此创新的家具风格并非易事，顾客或者家具生产商有时比较难以接受他的新观念。但是在赖特的耐心解释后，他的创新理念都被接受了。以至于曾经与他合作的人们常说，与赖特一起工作是一个大赌博，因为他的设计思想与众不同，比别人超前和周到。因为思想超前，采用新技术，部分建筑的造价也相对较高。例如，原计划为建筑结构投入20万美元即可完成，但是，当结构完成时，顾主却花了120万美元，远远超出了当初的预算。他的顾主时常为此烦恼，但是，他们非常满意赖特的工作成果，因为赖特经过努力，总能够在最后创造出一个个温暖人心的空间。

不同的人在坐具中可能寻求不同的情感寄托：有的人需要母亲怀抱般的温暖，有的则需要情人般的浪漫感觉，有的需要相对隐秘的空间以释放自己的情感。不同的设计师因其情感经历、性情、哲学思想不同，在椅子中塑造出与众不同的空间。

赖特倾尽一生的精力，只为了追求"伟大的母爱艺术"①。他的建筑和椅子像母亲一样，拥抱居住者。他相信每一个人，无论是男人、女人或小孩都有权利在优美的环境里享受美好的生活。在设计中的人文关怀表现在以下三个方面：

第一个方面，赖特认为好的建筑和家具应该具有教育功能，它能改变居住者的审美观、思想和品质。因此，设计师本人要真诚、正直，一心一意为人民做设计，作品应该具有真诚和真实的品质。

第二个方面，他认为建筑、人类、家具和设备应该形成一个整体，不能把它们孤立开来。在日本艺术里，人类的思想和行为都被有机地联系在一起，形成一个整体。日本人似乎把整个人类文化做成一件艺术作品。日本的艺术理念启发他在建筑中塑造有机性或者整体性的理念，把人类的行为和与之相关的器物都联系在一起，形成一个有机的整体。

第三个方面，在椅子中塑造一个相对独立的空间，这个空间也要和周围的大空间有联系。

民主设计就是要让产品关爱人和培养人。赖特的民主设计理念来源于高尚的品德，这种品德的形成与他的父母有直接的联系。赖特的父亲威廉·凯瑞·赖特（William Carey Wright）是一位牧师和音乐家。母亲安娜·劳埃德·琼斯（Anna Lolyd Jones）是一位教师。父母都从事培育（教育）人的职业，具有高尚的情操，这对赖特的思想产生了直接的影响，让他具备仁爱的品质，激励他去创造具有"教育功能"的作品，从而得以改变人们的生活方式，提高人们的生活品质。

综上所述，赖特追求民主设计哲学。他为顾客提供的椅子不仅具有舒适的使用功能，而且"很有说服力、很慈善"。说服力是指他的椅子具有人们所追求的美学价值，同时具有教育人的功能（如，仁爱）。慈善是指他设计的产品是人们能够买得起的。为了实现民主设计的梦想，他在中国古典哲学里探索现代设计哲学的根源。

结　　语

受老子的空间哲学的影响，赖特在塑造椅子的舒适的内空间时，也强调内空间与外空间的联系。为此，赖特还把中国的"纳气"理念融入设计中，把椅子当做一个有生命的整体，即有机体，使其有活力和灵气。受父母的影响，赖特具有坚强的意志和高尚的品质，这促使他追求一种民主的设计哲学：仁慈的房子和仁慈的椅子。他在椅子中塑造一个个温馨的空间，以拥抱使用者。

---

①　原文见网址：http://franklloydwright.org/frank-lloyd-wright/，2018-10-17。

概括地说，赖特的民主空间的设计标准主要有：坐板中心化、身体的舒适感、心理的安慰感、椅子的内空间的人性化(适合人体结构和审美要求)、内外空间的自由沟通、材料的人性化、色彩的温馨感、造型的和谐感和丰富性。

椅子里的空间设计观具有重要的现实意义，从塑造空间的角度来思考椅子的设计是一个可行性较高的方法论。因为，一个良好的空间(内空间和外空间)可以给观者带来良好的视觉审美体验，给使用者带来良好的身心体验。从 19 世纪末的新艺术运动以来，西方有不少著名的椅子设计师以不同的设计哲学为核心，在各自的椅子中塑造出不一样的空间，其目的皆是提供良好的体验。

第六章　中国的现代椅子设计（清末—民国）

民国时期，从清朝的统治阴影里走出来的人们热情地追求新生活，从国外留学归来的"新青年"们积极倡导改良主义。当新的思想遇上新的追求，两者碰撞出具有时代特征的火花：新思想部分地影响和改变了中国人民的旧的思维方式和生活方式。这种部分或者局部的改变也表现在家具风格上，形成风格多元化的局面。部分人喜欢在中国传统的基础上进行改良和创新，形成传统改良派；部分人喜欢把中国传统家具元素和西方的元素机械地相加，形成杂交派；部分人则崇尚西方化，购买从国外进口的家，形成西方派，或者海派。

1908年，奥地利建筑师阿道夫·路斯（Aldolf Loos）发表了一篇文章《装饰与罪恶》，把装饰当成一种艺术罪行，主张功能主义、现代主义和极简主义建筑和设计。随后欧洲的设计确实朝着这个方向发展。然而，同时期的中国并没有建筑师和设计师站出来宣誓否定装饰的价值和象征性。在中国人的眼里，装饰依然代表主人的经济实力和社会地位；没有装饰的家具暗示了主人的较低的经济能力和较低下的社会地位。这样的审美观点和思想意识与外来文化息息相关。19世纪中叶以后，因中国被迫开放通商口岸，西方家具得以进入国门，中国再次接触西方的巴洛克和洛可可艺术，钟情于它们丰富的装饰造型。①

在本章中，我们首先观察民国时期的三个主要家具派别的特征，然后再谈论与之相关的经济、教育、科技、艺术和哲学等相关社会背景。

第一节　椅子的风格

一、传统改良派

图6-1展示了民国时期某私塾内的学习场景。首先吸引我们的目光的是坐在学堂里的学生。他们正回头看摄影师的镜头，眼里充满着好奇感。第一，他们可能对照相机这个神奇的机器感到好奇。第二，他们可能对摄影师感到好奇，如果这个摄影师是长着大鼻子的外国人，他们的好奇感则更加强烈。事实上，孩子的眼睛是西方先进科学技术世界与中国传统技术世界之间的一堵墙。墙内依然是中国人朴实的品质，表现在孩子的脸上、服装和家具上。

---

① 巴洛克和洛可可艺术早在19世纪中叶已经传入中国，圆明园建筑便是典型的例子。

第六章　中国的现代椅子设计(清末—民国)

图 6-1　民国时期私塾的学习场景

图中，孩子们的着装很朴素，他们正坐在朴素的长条板凳上，围着一张朴实的八仙桌学习，使用破旧的书本。这个情景说明当时的经济水平还很低，人们只能追求物质的使用功能，而不奢望物质的的审美价值。因此，家具结构简单，没有装饰元素，多采用厚实的木材来制作。继续沿用传统榫卯制作工艺，因此家具结构稳固、耐用。

不仅在学堂里，即使在普通的家庭中，这类简单的家具也非常普遍。其制作工艺有高有低，有专业木工师傅制作的家具，也有些百姓为了省钱而自制比较简单而粗糙的家具。不管质量高低，该时期普通百姓的家具的共同特点是：去掉装饰元素，较少使用弯木技术，省时省力省成本。从设计学角度来看，我们可以说，这是中国的极简主义设计。但是，与西方同时期的现代极简主义不同，中国极简主义是被动的，西方的现代极简主义则是主动追求的。然而，两者的社会原因大致相同，皆因经济状况的影响而导致这样的设计现象和审美趣味。事实上，在中国改革开放以前，中国普通百姓的生活能力皆如此，他们没有机会拥有豪华的宫廷家具，仅有能力享受家具的物质功能，而不太重视其装饰功能(审美功能)。

在传统改良派家具中还包括知识分子或者部分社会名流的家具。我们以胡适先生的家具为例(见图6-2)。胡适居所的建筑风格与家具风格完全一致，均是在明清建筑风格和家具风格的基础上进行改良而来。改良的手段是把结构和装饰元素简单化，但是这种改变的态度表现得并不太干脆，有些犹豫，因此，明清风格依然保留得较完整。

一般来说，名流或者高级知识分子们的生活比普通百姓的生活宽裕一些，他们的家具自然也更加高级，表现在几个方面：制作家具的精湛工艺、高级木料、丰富的装饰元素、家具类型完整性和家具风格的统一性。与奢华的皇室家具相比，知识分子的家具则显得比较雅致和谦虚；与普通百姓的家具相比，又显得更加有意味和内涵。因此，从外表来看，知识分子的家具介于皇室家具与普通百姓的家具之间。这样的排列顺序也完全符合社会等级制度的排位。

图 6-2 胡适故居内的家具

胡适是民国时期的改良派人物。他主张自由主义和实验主义,毫无疑问,这些思想与他在美国留学和工作的经历有关。他于 1910 年到美国康奈尔大学留学,读农科专业。1915 年到哥伦比亚大学读哲学专业,师从约翰·杜威(Jone Dewey)。1917 年完成博士论文,回国后到北京大学任教,积极在《新青年》杂志上发表文章。1938—1942 年任驻美国大使,1946 年任北京大学校长。在思想上,胡适受西方文化影响较深,主张向西方学,反对"无为"思想,鼓励青年乐观面对生活,积极创造未来。可是他所用的家具却没有西方化趋势,而是典型的中国清式家具,这表明他对中国古典建筑和家具的认可和深厚感情。

二、杂交派

杂交派把西方家具设计元素与中国传统家具设计元素简单地或者机械地混合在一起,没有进行融合处理,这种做法的结果是让人产生似是而非的效果,既(不)是中国传统家具,也(不)是西方家具。我们从图 6-3 可以看出。椅子的腿和茶几的腿均采用西方古典家具里的动物腿造型,其他的构件则具有较浓厚的中国传统艺术特点。整体结构与清式家具的结构已有明显的区别。例如,靠背上部借鉴了清朝宫妃头饰的造型,配有搭脑。靠背的中心是一个圆形装饰漆画,其四周由卷曲的图腾包围,以突出圆形的中心感。除了腿部以外,其他的部件均采用中国传统图腾形式来塑造西方的巴洛克风格,我们也可以称其为"中国巴洛克风格"。明清时期的椅子里还没有这种结构特点,这是民国时期所特有的家具风格。

图 6-3 民国时期的杂交派家具

图 6-4 中的家具属于西方派家具，是典型的海派家具，主要从欧美国家进口到上海市。上海是民国时期的主要通商口岸，有多国办事处驻扎在租界，租界范围内的建筑和生活用品以洋货为主、中国货为辅。受租界异国文化的影响，上海出现了模仿西方文化潮流。人们以拥有和使用洋货为荣，洋货成为上流社会和高贵身份的象征之一。

洋坐具中的软包料让人们看到舒适的重要性。此后，中国人逐渐关注家具的舒适性，使用海绵和动物皮革来制造家具，如椅子和沙发。鲁迅先生在生活中也使用舒适的西方风格坐具（如图 6-5）。鲁迅也是《新青年》杂志的支持者，主张改良主义。

民国时期出现了 3 个家具派别，反映了当时社会各阶层的经济能力、文化背景和思想意识的特点和差异。在下文中，我们谈论塑造这些家具派

图 6-4 民国时期西方派家具

别的社会性因素。

图 6-5　1936 年，鲁迅与青年木刻版画家在一起

第二节　新文化运动与设计方法论

18 世纪以前，中西方的文化交流以中学西传为主。19 世纪以后，尤其是鸦片战争以后，则以西学东渐为主流。20 世纪中国人开始热烈地讨论中西结合问题：中西结合热潮对 20 世纪的设计方法论有何启示？

20 世纪的前 10 年，部分欧美国家在新艺术运动中取得许多创新性成果，改变了模仿自然的传统表现形式，取而代之的是抽象化和几何化表现形式。20 世纪 20 年代，这些国家的艺术家和设计师们把工业技术和艺术结合起来，开始探索现代主义艺术表现形式。在家具的功能、材料、人体工程学和造型等方面的研究取得了很大的突破。与 1851 年在伦敦博览会展出的产品相比，这一时期的工业产品真正具有艺术审美价值，满足了欧美国家的现代生活的需要，实现了工艺美术运动时期威廉·莫里斯提出的"艺术为民"的思想。

中国的发展步子与欧美国家不同。1894 年 11 月 24 日，孙中山成立兴中会，后变革为中国同盟会、中国革命党、中国国民党。从改名的历程可以看出，孙中山等仁人志士长期努力探索新的发展道路。

19 世纪中叶以来，中国被迫签订了众多不平等条约，被迫向帝国主义打开国门。

列强从此展开了一场声势浩大的掠夺式的文化交融运动。中国的部分国土和大量财富被西方列国占有，物质财富的损失带来精神财富的损失，如文化和艺术作品被西方列国抢走。

国门的开放，一是迎来了西方强盗，二是迎来了西方的信息。中国青年学生开始逐渐关注西方国家的教育模式、教育思想和科学技术的发展。有些学生还走出了国门，到西方国家学习，主要包括日本、法国、英国、德国和美国。中国没有经历过欧美式新艺术的探索之路，但是经历了新文化运动。运动的正式起点是1915年创刊的《新青年》杂志。该运动以胡适、陈独秀、李大钊、鲁迅和钱玄同等受过西方教育的人士为代表，其目标是解放思想。这份杂志是中国新文化运动的旗帜，指出了中国发展的若干问题和解决方案。其中，它明确了民主和科学是发展的两个车轮，把希望寄托在青年身上。

陈独秀认为保守主义和传统主义是中国罪恶的根源。[①] 他在第一期《新青年》中发表文章《敬告青年》[②]，对青年提出了6点要求：第一，自由的而非奴隶的。陈独秀以欧洲为例，说："世称近世欧洲历史为'解放历史'——破坏君权，求政治之解放也；否认教权，求崇教之解放也；均产说兴，求经济之解放也；女子参政运动，求男权之解放也。"除了思想与政治，艺术与设计也需要从旧的传统构架里走出来，解放艺术和设计思想，才能创造出有生命力的物质世界。第二，进步的而非保守的。陈独秀说："人生如逆水行舟，不进则退，中国之恒言也。"他强调："吾宁忍过去国粹消亡，而不忍现在及将来之民族，不适世界之生存而归削消灭也。"事实上，民国时期的中国设计已经远远落后于西方现代主义设计。那个时候，放眼国际，我们的设计缺乏现代特色，所以没有竞争力。欧美国家一直在围绕着"创造进化论"的思想来求变求新求发展，而中国家具的设计风格从明式的消退以来，没有太大起色，主要原因就是当时的保守思想阻碍了家具设计的发展。第三，进取的而非退隐的。确实，思想和态度决定未来的走向，中国的家具设计师需要积极进取，寻找新的发展路径，而不能沉迷于先人所创造的古典艺术。第四，世界的而非锁国的。陈独秀强调不能"闭门造车"，以防出现"出门未必合辙"的后果。然而，当今之人还以《周礼》和《考工记》为设计制度，将无法适合当代的市场。第五，实利的而非虚文的。他以德国为例，说："最近德意志科学大兴，物质文明，造乎其极，制度人心，为之再变，举凡政治之所营，教育之所期，文学技术之昕风尚，万马奔驰，无不齐集于厚生利用之一途。一切虚文空想之无裨于现实生活者，吐弃殆尽。"中国应当学习西方先进科学技术，以解决中国的问题。第六，科学的而非想象的。陈独秀呼吁国人抛弃迷信思想，以科学为发展动力。他说："今且日新月异，举凡一事之兴，一物这细，罔不诉之科学法则，以定其得失从违；其效将使人间之思想云为，一遵理性而迷信斩焉，而无知妄作之风息焉。"20世纪，推动欧美国家发展的科学正是工业科学技术，从设计的角度来看，就是"工业设计"。然而，中国的设计和生产依然保持保守和封建的状态。

---

① 徐中约. 中国近代史(第6版)[M]. 北京：世界图书出版公司，2013：374.
② 陈独秀. 敬告青年[J]. 青年杂志第一卷第一号，1915-09-15.

胡适先生于 1916 年 10 日在《新青年》中发表文章《文学改良刍议》，提出八件必须做的事情，他自称为"八不主义"：不做"言之无物"的文字；不做"无病呻吟"的文字；不用典；不用套语烂调；不重对偶：——文须废骈，诗须废律；不做不合文法的文字；不摹仿古人；不避俗话俗字。在这 8 条中，胡适极力打破传统，以塑造一种新文学。从设计角度来看，中国设计确实需要考虑打破传统，又要与传统有脉络的联系。中国特色设计不应该生搬硬套或者机械地运用传统艺术；否则可能出现不伦不类或者四不像的设计效果，例如民国时期出现的杂交派家具。

1918 年 4 月，胡适在《新青年》上发表文章《建设的文学革命论》。其宗旨是 10 个大字："国语的文学，文学的国语。"他指出，中国两千年来的文人所做的文学都是没有价值的死文学。其中的原因是用古文，而非白话文。他认为《红楼梦》《水浒传》《西游记》《儒林外传》等文学巨作之所以受到读者的喜欢，是因为它们都用白话写成的。胡适的文学发展路径是：先有国语的文学，再有国语，并以欧洲各国的国语形成的历史来论证这个发展观点。具体的发展次序有三步：一是工具；二是方法；三是创造。工具是白话文。有意思的是，胡适还建议反对白话文的人也应该用白话来做文字，然后才有资格反对白话文学。胡适的理由很简单：一个不了解白话文学的人怎么会有充分的理由来反对白话文呢？正如一不懂汉文的人怎么配主张废汉文呢？也就是要先了解事物的本质特征后，我们才能对事物做出评判。那些不了解新事物而立即反对它的人，一般是因为"懒惰"所致：懒得想或者懒得改，照旧的发展路子挺好。

作为中国现代设计，其工具应该是中国特色现代主义思想；其方法应该是学习西方的现代主义设计理念，并结合中国传统元素和传统造物思想，以满足当代中国人的物质和精神需求为目标。

至于创造的方法，胡适提出了 3 种，我们尝试把这 3 种方法融入设计中。一是收集材料的方法。他指出中国文学的大病在于缺少材料，出现千篇一律的现象。从设计角度来看，中国设计师必须做的功课是从各个时代的传统中收集设计元素材料和设计理念。可惜 20 世纪应该做的工作因各种原因推迟到 21 世纪才逐渐起步。因为 21 世纪初，人们才真正明白一个道理：民族的才是世界的。二是结构的方法。有了材料之后，设计师应该开始思考结构的问题，例如，哪些设计元素适合于哪类产品。三是描写的方法。定了布局之后，设计师应该思考表现手法。在建筑方面，有许多成功的例子。如清华大学 1916 年建成的大礼堂和体育馆等公共建筑，它们既体现了美国现代主义的先进理念，又有中国传统元素。两者有机地融合起来，形成了具有中国特色的现代主义建筑。这些建筑成为中西结合的成功典范，可惜家具方面却没有这样的例子。

1919 年五四运动的结果是外来观念和意识形态涌入中国，刺激了中国青年，推动了少年中国的崛起。总的来说，五四运动引进了西方的思想和文化，同时摧毁了中国的传统思想和文化，但是并没有创造新的思想体系和新的哲学学派。[①] 徐中约把中国对西方的文化冲击分为三个阶段：第一阶段从 1861 年到 1895 年的自强运动，中国在外交和军事现代化方面做了实战的尝试。第二阶段从 1898 年到 1911 年的变法革命时期，中国

---

① 徐中约. 中国近代史(第 6 版)[M]. 北京：世界图书出版公司，2013：386.

接受新的政治体制。第三阶段从 1917 年至 1923 年的思想觉醒，标志着中国从传统为基础向完全西化的转变。1920 年，中国真正成为现代世界的一部分。[①] 此时，欧美国家已真正步入现代主义设计阶段。荷兰的风格派于 1917 年开始发展，20 年代初对欧洲的艺术和设计产生了巨大的影响。包豪斯学校开始研究现代工业设计，培养综合的新型人才。

1921 年 7 月，中国共产党成立。此后，中国人民在国共两党的合作与对抗氛围中不断思考、领悟和发展。20 世纪前 50 年，中国在探索和塑造新的国家体制的同时，也关注西方的现代主义思想。有些人接受西方的新事物，有些则强烈主张守住中国的传统，出现了"中体西用"的思想主张。不管是愿意还是不愿意，自 20 世纪 20 年代起，西方文化思想和科技对中国的发展产生了越来越大的影响，在一定意义上具有刺激和推动的作用。中国人需要考虑的问题不是接受或者不接受西方先进的科学技术、艺术表现形式和哲学思想，而应该思考如何把它们正确地、适时地运用在中国的发展建设中。同时期有不少西方设计师和建筑师毫不犹豫地向中国思想文化学习，例如美国建筑师弗兰克·赖特把老子的哲学思想作为建筑哲学的核心思想，塑造独特的有机建筑风格。笔者认为，从事物的本源角度来看，我们必须承认和尊重先进的思想和文化的根源性和民族性。但是从"全球命运共同体"[②]理论的角度来看，各民族的先进思想和文化应该让全人类共享。

中西方文化与艺术相结合已是不可挡的趋势，不因某个人的意志而转移。这种结合也讲究原则：设计师既能解放思想、接受外来的先进思想和文化，又能令其与中国本土文化相结合。这也是中国设计发展制胜的关键性原则。我们可以从中国的政治发展策略得到启发，中国共产党把马克思主义恰当地运用到中国革命和中国建设中来，以解决中国的实际问题，逐步形成了具有中国特色的马克思主义理论体系。假设西方现代主义设计思想在同时期进入中国，那么它将为中国的现代设计发展起强大的推动作用，因为现代主义设计主张简单化、功能化，同时还讲究美学价值。我们甚至可以说，现代主义设计是"平民化"或者"亲民化"，这样的产品符合普通百姓的购买力，满足他们的物质和审美需求。当然，中国的现代主义设计绝不等同于西方的现代主义设计，它应该带有深厚的中华民族特色，正如中国特色社会主义一样。因此，如何结合两种文化，如何把中西方的设计理念融合在一起才是此时期最应该考虑的问题。这个问题对 21 世纪的中国设计师们也具有现实指导意义。

第三节　新的艺术教育模式推动中国现代设计的发展

中国采用新式美术教育模式，向欧美国家学习、向日本学习，兴办学堂。例如：1902 年即清光绪二十八年在南京开设了三江师范学堂，1905 年即清光绪三十一年改名

---

① 徐中约. 中国近代史（第 6 版）[M]. 北京：世界图书出版公司，2013：385.

② "全球命运共同体"的畅想是由习近平提出的。他呼吁全球人民团结在一起，共同解决人类的难题。

为两江师范学堂。学校办学之初，设置理化、农学、博物、历史、舆地、图画、手工等必修课程。1906年即清光绪三十二年，两江师范学堂开设图画手工科，聘请中国画家来教授中国画，请日本教习教授西洋画、用器画、图案画课程。在两江师范学堂的影响下，各地的实业学堂和师范学堂纷纷开设图画手工课程，设计教育在新式教育体制中逐渐有了独立学科的面貌。1905年即清光绪三十一年，清朝政府下令废止延续千年的科举制度，私立和公立美术学校纷纷设立。1918年，最早的国立美术学校——北京美术学校成立；1927年国民党定都南京后在杭州开办国立艺术院，后改称国立杭州艺术专科学校。这类学校培养了符合新时代要求的人才。

事实上，从19世纪起，中国的西方化潮流已经逐渐形成，但是还处于涓涓小溪的规模。直到20世纪上半叶，西方化的队伍逐渐扩大，许多中国青年学生到国外求学，然后再带着西方的教育理念和西方先进的科学技术回到中国工作，推动了中国各行各业的发展。从1903年到1919年间，在出国留学的学生中，41.51%到日本学习，33.85%到美国学习，24.64%到欧洲学习。① 艺术类学生回国后组建了一些商业设计协会，比如，陈之佛于1916年毕业于杭州甲种工业学校染织科，1918年赴日本东京美术学校工艺图案科学习工艺美术，回国后于1923年在上海创办尚美图案馆，开展艺术设计活动。刘既漂曾就读于上海中华艺术大学，1920年赴法国里昂国立美术学校学习；1926年回国后任杭州国立艺专建筑系主任，从事建筑设计和图案设计。还有常书鸿和李有行也到法国里昂国立美术学校学习，庞熏琹也到法国留学。熏陶曾经在巴黎求学，回国后于1932年开设"大熊工商美术社"。还有许多艺术类学生回国后在艺术院校任教，讲授西方艺术或者设计课程。

赵尔巽和张之洞主张开办私立艺术学校，这些学校里既开设中国传统艺术专业，也开设素描、水彩和油画等西方艺术专业，这些专业一般由西方老师教授。

在这样的社会环境里，家具的风格自然倾向西方化。明清风格曾经代表中国人刚强的性格，现在逐渐失去其挺直的精神，接受西方设计观念，比如功能、舒适和时尚。中国家具开始走向折中主义，融合了西方的巴洛克、洛可可和新古典主义风格。中国人以极大的热情关注着西方文化和艺术。

第四节　外国建筑对中国建筑的影响

西式建筑配西式家具，这是人们的普遍审美需求。当西式建筑出现在中国人的眼前，便也接受了西式家具。因接受的方式和程度不同，所以当时出现了3个家具派别：西方派、改良派和杂交派。因此，我们有必要谈谈西方建筑对中国建筑的影响。

19世纪后期到20世纪初期，外国商人、外交官在中国各地通商口岸建设西式建筑，洋务运动和变法维新运动也开办了一些工厂、学堂、火车站、轮船码头。一些大城市里出现了洋楼和洋风现象，"洋"也成为一种时尚的代名词。

20世纪里第一批中西结合的中国建筑是清华大学的部分校舍。早在1914年，亨

---

① 徐中约. 中国近代史(第6版)[M]. 北京：世界图书出版公司，2013：373.

利·墨菲就开始研究中国古典建筑。1916年，亨利·墨菲(Henry K. Murphy)为清华学校设计了大礼堂和体育馆，两栋建筑于1917年开始建设，1921年完工。他还于1920年主持广州岭南大学和湖南长沙湘雅医学院的建筑设计；1921—1923年，主持南京金陵女子大学的建筑设计；1920—1926年，主持北京燕京大学的建筑设计。1927年以后，他担任南京政府的建筑顾问。他还开设建筑事务所，培养了一批中国建筑设计和环境艺术设计的人才。

1919年，由4所美国及英国基督教教会联合在北京开办燕京大学。这是近代中国规模最大、质量最好、环境最优美的大学之一。1920年，燕京大学选北京西郊海淀的淑春园作为新校址。由亨利·墨菲负责校园环境规划和建筑设计。

从西方国家来到中国工作的设计师和建筑师确实推动了中国现代建筑的发展，中国到西方国家留学并回国工作的青年设计师和建筑师们也为此作出了巨大的贡献。例如吕彦直、刘既漂、梁思成和林徽因等。中国设计师们也走出国门去参加国际展览，通过这样的方式推动中国现代设计的发展。

吕彦直毕业于美国康奈尔大学建筑系，回国后进入墨菲的建筑事务所，协助墨菲设计金陵女子大学和燕京大学校舍。1925年，他参加南京中山陵设计方案竞赛。1926年，他参加广州中山纪念堂方案设计竞赛，该建筑于1931年建成。以上这两个设计项目都获得一等奖。吕彦直善于在中国传统的宫殿建筑样式的基础上，融入现代主义设计理念，使现代民族建筑显得更加大气、舒适，更好地体现特殊建筑的功能性，尤其是擅长满足礼堂、陵园的特殊功能要求。

1925年，中国设计师们参加在巴黎举办的"世界装饰艺术博览会"，直接受到了装饰艺术运动的影响。以包豪斯为代表的现代主义运动对中国的设计发展也产生了一定影响。刘既漂留学法国时，也有机会接触欧洲的装饰艺术。他于1928年担任国立艺术院的图案主任教授，采用欧洲风格来设计杭州西湖博览会会场。

梁思成于1927年毕业于美国宾夕法尼大学建筑系，后进入哈佛大学研究生院。1928年与林徽因到欧洲参观西方建筑，同年回国，在沈阳东北大学创办建筑系。1929年设计吉林大学教学楼，该建筑带有西方古典建筑的风格，也具有中国古代建筑的特点。该建筑已经被列为文物保护单位。

上海较早显露装饰艺术和现代主义主义建筑设计的影响，主要表现在20年代末30年代初兴建的一批高层饭店和公寓建筑。英国建筑师设计的一系列的建筑具有强烈的装饰艺术风格特点，如1928年由英国建筑家设计的沙逊大厦，1933年兴建的汉弥顿大厦、河滨公寓，1934年兴建的都城饭店，1935年兴建的峻岭寄庐。其他国家建筑师设计的建筑也具有装饰艺术风格，如1935年兴建的万国储蓄会公寓、百老汇大厦等。中国建筑师设计的也具有装饰艺术风格，如1932年建造的海宁大楼，1934年建造的恩派大厦、伟达饭店，1936年建造的同孚大楼。

强烈的西方化潮流在全国漫延开来，几乎所有中国艺术门类都不同程度地受其深刻的影响。上层阶段追求西方化生活方式，似乎西方化生活是一张高级身份的标签。

第五节　农民的椅子

毛泽东的革命路线是农村包围城市，农民是革命的主力军。那么民国时期，主力军的地位如何呢？毛泽东在《湖南农民运动考察报告》①中作出了精辟的总结，并提出"十四件大事"。总的来说，束缚中国人民特别是农民的封建宗法的思想和制度渐渐被推翻，农民不再受政权、族权、神权和夫权的压迫和控制。例如，从前祠堂里的"打屁股""沉潭"和"活埋"等酷刑不再使用。我们尝试从毛泽东总结出来的"十四件大事"中的部分事件观察农民地位的转变，由此思考农民阶级的椅子的时代意义。

第一件：将农民组织在农会里，孤立和打击土豪劣绅和贪官污吏。这一政策给农民创造了一个争取自由和体现自由的空间。第二件：政治上打击地主。以罚款、捐款、小质问、大示威、戴高帽子游乡、关进监狱、驱逐和枪毙等方式镇压地主阶级，体现出农民的革命决心和争取自由的恒心。第三件：经济上打击地主。实行减租减押政策，农民的经济压力有所缓解。这样农民可以考虑给家里增添家具。另外，对地主的打击也提高了农民的社会地位。第四件：推翻土豪劣绅的封建统治，打倒"都团"。这样，农民在机关各部门逐渐有职位（地位），有一把属于农民的椅子……第八件：普及政治宣传。农民敢于开口说话，敢于与土豪劣绅理论。增强了农民的话语权。第九件：农民诸禁。农会实行禁牌、赌、鸦片、花鼓、轿子等政策。对喂养鸡鸭的数量也有严格的规定，以防家禽吃过多粮食，因为当时粮食紧缺……第十二件：文化运动。毛泽东说："中国历来只是地主有文化，农民没有文化。可是地主的文化是由农民造成的，因为造成地主文化的东西，不是别的，正是从农民身上掠取的血汗。"②兴办农民夜校，反对不符合农民实际需求的"洋学堂"。农民运动发展换来的结果是农民的文化水平迅速提高，从而美学价值的需求逐渐增加。农民开办学校，需要增加桌椅，这些桌椅便是属于农民自己的桌椅，这些桌椅是农革命成果的象征，是农民的新地位的象征，是农民的价值的体现，是农民的权力的象征。

农民一般使用小板凳、长板凳和椅子，其结构简单、用料少、制作工艺简单、制造成本较低。在经济方面，农民支付得起物质的功能性，无法支付物质的装饰性；在审美上，农民的经济能力决定了其审美品位。因此，在一定的时间范围内，坐具的简单性和纯朴性符合农民的审美需求，同时也体现了农民的思想特征，这也充分证明了物质的品质与人的品质的统一性。

---

① 毛泽东选集第 1 卷[M]．北京：人民出版社，2009：12-40．
② 毛泽东选集第 1 卷[M]．北京：人民出版社，2009：39-40．

第七章　中国的现代椅子设计(1950—2000)

中国新文化运动的倡导者们在严复的理论基础上厘清了"个人自由"的问题,把"个人的存在"从集体中"抽象的人"分离出来。集体由个人组成,没有个人的存在,集体将无从谈起。中华人民共和国的成立本应该使中国人民按照自己的意愿自由地建设属于自己的家园,但是这样的自由受到多方因素的影响和阻碍。表面上是政治问题,事实上是经济问题。人们吃不饱、穿不暖,哪里有心思谈论思想和艺术问题?经济水平低下的直接后果是工业生产力低下,没有大批量工业生产,哪里来工业设计?因此民国时期的现代设计探索受社会、思想、技术和艺术等因素的局限。

20世纪后半叶的中国坐具主要分为三类:第一类是传统家具,传统元素完全保留。在本章中,我们不再谈论它。第二类是在传统坐具的基础上融入现代主义设计理念,实际上是"简化主义"。第三类是西式坐具,这一类型又分为普通坐具和高级坐具。迈克·索耐特(Michael Thonet)的14号椅子属于普通型西式坐具,使用金属或者压缩板来制造,其使用范围很广;另一种类型是舒适的高级西式坐具,一般使用木材、海绵、皮革或者布料,是社会高层人士和有钱人的"专属"坐具。在本章中,我们首先观察中华人民共和国成立后,中国的主要坐具类型及其特点,然后分析影响坐具设计的主要因素。

第一节　中华人民共和国成立后的中国坐具

一、简单化的传统椅子

中华人民共和国成立后,中国传统家具依然存在和使用,但是有一些转变。人们在清式家具的基础上,或多或少融入了西方的设计观念,总体趋势是简单化。如民国时期一样,八仙桌配长板凳(如图7-1)依然是最普遍的现象。不管是在家庭中还是在餐饮,或者是在路边的摊档,这一套桌椅都是人们的首选。因为它们结构简单、用料少、成本低,方便搬运和收纳。这套家具用最简单的基本结构——靠背、坐板、4条腿、2个扶手,来满足人们的对坐的基本功能需求。这并不是说人们愿意选择这类坐具,是人们的生活水平决定了这样的选择。

还有一款结构简单的扶手椅(图7-1,右侧)也是人们常用的坐具,它满足了基本的使用功能,而且还有一定的舒适度。与高型椅子相比,它有几个不同之处:一是座位比较低,靠背向后倾斜,人的重心转到臀部和背部,让腿部和脚部得到全面放松。扶手与前腿连接处连成一体,当人的手掌放在扶手前方位时,能自然转弯和下垂。这款扶手椅的设计灵感不明确,我们可以从西魏时期绘制的敦煌莫高窟 285 窟壁画中找到其大体结构的根源,也可以从 19 世纪西方工艺美术时期的椅子中找到现代设计的根源。

图 7-1　八仙桌配长板凳,结构简单的扶手椅

最典型的中国传统坐具与西方现代主义坐具风格相结合的产物是这一样款扶手椅,如图 7-2 所示。它让我们想起约瑟夫·霍夫曼(Joself Hoffmann)的《机器椅》(1905),它

图 7-2　中西结合的椅子

的扶手、前后腿和下横条形成"D"形;而这款中西结合的中国扶手椅的扶手、前后腿和下方横条形成一个矩形。其靠背、扶手和前腿形成一条流畅的曲线,具有一定的美感。坐板后方略向下凹陷,以适合人体的臀部结构特点。靠背也根据人体脊椎的结构特点压成相应的曲线,给人的后背带来一定的舒适感。

这款扶手椅显得高雅、稳重、大方和圆润,人们常用于家庭中或者办公室里。采用条形木料能让椅子的通透性更加强烈,内外气流通畅。人体外界的气流通畅现象直接影响观者与坐者的感受,让人的身体和心理都得到美好的体验。表面上,暖色给人温暖的感觉,但是,当人的皮肤触碰椅子时,皮肤感觉冰凉,这是因为木材表面涂上了清漆。但清漆又能产生光滑的效果,使家具看起来更加优雅和润泽。光滑感不仅能给人视觉上的享受,也能让人在接触时,皮肤产生舒适的体验。因此,这款椅子除了比较坚硬这一缺点外,堪称完美,它能为人提供身体和心理、视觉和触觉等多重享受。

二、西式椅子

迈克·索耐特的14号椅子(见图7-3)因其功能与审美兼备、方便运输和装配、成本和价格低、容易收纳等特点而受到中国人的喜爱,常用于家庭、会议室和部分公共场所。它没有软坐垫,它能让人体的重心转到臀部,减少人体和重量对腿部的压力,因而除此之外,它再也没有提供更多的舒适感。

图7-3 索耐特的14号椅子在中国

还有一款西方椅子也深受中国人的喜爱,它就是可折叠会议椅(见图7-4)。其主要优势在于方便收纳、运输和装配,成本和价格低。座位和靠背均有一层较薄的海绵垫。靠背成弧形,符合人体后背的结构特点。在生活中工作中,它比14号椅子更常见。

从接受以上两款西方椅子的现象来看,中国人民的需求从简单的物质需求转化为物

图 7-4　西式可折叠会议椅子

质和精神需求,人们不仅需要产品的使用功能,也需要它的审美功能,而且价格必须与普通大众的购买力一致。这就是人们常说的"好而不贵"。

这种折叠椅的简单结构令其更加通透,尤其是靠背,它仅由一小块板构成,使得人的后背的大部分面积能够与流通的空气接触,所以它能体验到凉爽的感觉。此外,坐着的人可以把双脚放在前面的横管上,让脚部得到一定的放松。从结构、功能、材料、舒适、价格、方便等多个方面来衡量,我们可以说这款椅子是完美的流动型坐具。

20世纪后半叶的中国,西式风格的家具的使用越来越普遍。如海绵和弹簧因其弹性能给人带来一定的舒适感。社会高层人士和有钱人常使用这类坐具,如带皮革的扶手椅等。中华人民共和国成立后,人们通常给椅子套上一个白色的布套,一是为了防尘;二是使坐具显得更加高雅、有内涵,能体现主人的修养(见图7-5)。

图 7-5　西式皮革扶手椅

这种坐具一般以木材为主要材料来制作椅子的支撑结构。主要分为两类：一类是坐具的支撑结构不外露，被海绵和皮革包住了。这一类型的坐具外表宽大厚重，事实上，它厚而不重，方便调整和移动。但是因其宽大，不方便经常搬运。座位宽敞，让人的身心都得到极大的放松，产生愉快的体验。因其具有宽大的"怀抱"，部分人还能从中体验到回归感，或者归宿感。它因舒适和耐用而受到中国人的喜爱。但是与古典的中西方家具相比，这种类型的坐具缺少亲和力，可能让部分人产生冷漠的感觉，主要原因是皮革可能让人产生冷漠感觉。关于这一点，我们可以从穿皮革衣服得到启示。这也许是大部分工业设计产品的共同缺点。

另一类是支撑结构外露（见图7-6）。这种类型的支撑结构表现形式丰富，形态各异；其共同特点是简单化，有极简主义的趋势。用汉语表达，就是"简练"。支撑结构外露确实提出了更高的要求，如木结构的造型、木料、木材加工水平和制作水平和工艺。木结构的优点是它能使椅子具有稳重的感觉。如果使用布料包住海绵，人的视觉和身体的舒适感可能会更加强烈，因为布料的柔软性可能产生更强的亲和力。

图7-6　宋庆龄故居里的西式坐具

从以上这两种类型的舒适坐具来看，中国人逐渐追求舒适而且有品位的生活。人的审美品位表现在产品上。因此，20世纪后，尤其是改革开放后的设计师，开始思考一个新问题：如何为不同身份、不同经济能力、不同物质和精神需求的广大消费者设计相应的产品？这样的思考一旦出现，便标志着中国现代主义设计正式开始了。

第二节　中国现代家具发展的阻力（1949—1978）

中国现代设计的西方化进程由于1937年日本全面侵华而受到影响，发展的脚步较为缓慢。日本于 1945 年投降，8 年抗日战争结束，第二次世界大战结束。虽然战争刺激了中国人从封建思想的睡梦中苏醒过来，但是中国的经济已经受到极大削弱，要想恢复元气，需要多年的缓和与重建。中国的重建工作几乎从零开始。更值得重视的是，"二战"后，中国国内战争又打响了，从 1946 年打到 1949 年才结束，同年 10 月 1 日，中华人民共和国正式成立。此时，西方的家具或者西方风格的家具因其舒适性受到机关部门或者富裕人家的欢迎。

1966 年到 1976 年间，中国境内发起了"文化大革命"。这场特殊的"革命"既打击了许多知识分子，也打击了中国文化，使人与文化都无法正常健康地发展。文化以外的领域也受到极大的打击。各行各业的发展和进步未见起色，因为大部分人仅为一口面包而努力工作。因经济制度的限制，人们既没有空间，也没有机会，更没有能力做更大的发展。家具行业的创新道路自然也停止不前，人们把陈旧的明清家具（遗产）修修补补，将就使用。在此期间所制造的家具只能走实用主义路线，只能简单化，以节省材料和人工，降低制造成本，从而降低价格。普通家庭的家具更是简陋，人们一般使用粗糙的木板简单地拼制成家具式样。因特殊的文化与政治环境，"西方"这个名词变得比以往敏感和复杂，西方化的进程几乎停滞不前。

"文化大革命"于 1976 年结束，旋即改革开放的大幕正式开启，中国再次打开国门，同时也再次开启了国人的思想之门，各行各业的发展犹如春天一样生机盎然。人们逐渐放弃了古典主义家具，开始制造简单、方便、经济、美观的现代家具。现代性或者现代主义思想开始在中国大地上传播开来，这种现代性与西方的现代性并不完全一样，它多少带有中国传统思想。但是中国工业化经济特征与西方无差异，依然是：以最低的成本换取最大的产量和收入。

第三节 民族的、科学的、大众的设计

在文化发展政策方面，毛泽东在新民主革命时期就提出"民族的、科学的、大众的"文化发展理论。艺术的宗旨是服务工农兵，服务人民。毛泽东没有针对中国设计或者中国现代设计发展提出这样的观点，但是这个理念里确实有值得我们借鉴的地方。

一、民族的设计

毛泽东肯定中华民族深厚的文化对世界文化所产生和将要产生深远影响，中国文化是世界文化的重要组成部分，是不可或缺的部分。民族文化的就是中国特色文化，民族设计就是中国特色设计，中国特色设计就是中国现代设计。

中国现代家具设计可以从中华民族传统文化中吸取丰富的营养。第一，学习古典家具设计。学习中国古典家具设计史是中国现代家具设计师的重要课程。我们可以从历史中了解中国家具的发展过程和规律特点，领会先人的设计理念和家具设计的内涵，吸收有益于现代设计的元素。在家具的造型、结构、材料和内涵多方面得到启发。明式家具是中国家具发展的高潮，其设计理念得到了各国设计师的认可，欧美国家有不少家具设计师学习中国明式家具设计理念。把中国设计与当地设计融合起来，形成独树一帜的设

计风格。例如芬兰的汉斯·韦格纳设计的《中国椅》便是最有说服力的例子之一。20世纪后半叶的中国家具设计师也思考到中国古典家具的借鉴意义，但是仅处于模仿和机械组合的状态。正如我们在本章开始所展示的作品中看到的一样，设计师机械地把中西方家具元素生硬地拼在一起，塑造出似是而非坐具风格。第二，学习中国哲学思想，并运用于设计中。中国哲学源远流长、派别丰富、学术广泛、内涵深刻，各个时代都有人研究并运用于各个领域里。能启发现代设计的中国哲学思想内容非常丰富。如"道生一，一生二，二生三，三生万物""天人合一""无为"等观念。设计师欲从哲学思想中得到启发，并在设计中阐述出来并非易事，需要长期学习和研究；否则，容易走上哲学形式主义和哲学机械主义道路，设计师的其作品也可能有卖弄文化的感觉，即形似而神不似。然而形神兼备才是最高的设计标准。但是，20世纪后半叶的哲学在设计中的运用没有得到深入的研究，还没有形成专门的研究课题。这与当时的经济水平的限制有很大的关系：人们都在思考温饱问题。

毛泽东倡导大量学习西方国家的进步知识和思想，把中国进步文化与西方进步文化联合起来，互相吸收，互相发展。毛泽东的观点与他的民族文化发展路线并不矛盾，他把视野扩大了，这是全球文化发展的眼光，也是中国文化与国际文化交流的必行之路。因此，在自民国以来到文化大革命以前，虽然战争不断，生活不稳定，但是中国人从不间断与西方设计古典设计和现代设计接触。

二、科学的设计

毛泽东主张"实事求是"："实事"即客观存在的一切事物；"是"则是客观事物的内部联系，即规律性；"求"就是去研究。我们要在客观存在的事物中研究其发展规律，并把这些规律运用于新的实践。

我们在绪论中已经提到，1955年，美国设计师和工程师亨利·德雷弗斯把人体工程学运用于设计中。毛泽东提出文化发展科学化的观点与德雷弗斯的人体工程学理论有异曲同工之妙。从中国的国情出发，我们可以这样理解设计科学化发展论。我们需要从政治、经济、文化、审美、科技等多角度思考产品的设计，以践行"艺术为民""为人民服务"的思想。所以我们的设计自然要考虑到人民的需要，以更好地满足人民的物质需求和精神需求。要满足人民的这些需求，必须考虑到当前人民的经济能力，我们需要设计并制造出人民能够买得起的"好产品"。这个"好产品"应该考虑到人民的审美品位和产品的审美价值是否一致，而人民的审美品位与当前的文化发展状况息息相关。这些问题都考虑好了，我们还得根据当前的科技的可能性来设计和制造家具，包括材料的加工方法和家具的制造方法。科学的设计需要"以人为本"，围绕着人的不同层次的需求而设计。事实上，20世纪后半叶，人们因其经济水平、审美品位的不同追求不同的家具。也正因为如此，才出现传统派、传统改良派、西式派等。敏感的中国家具设计师可以从进口的家具中，可以观察到西方设计理念，了解西方的人体工程学在设计中的运用方法，意识到人们不仅追求产品的物质功能，而且也需要产品的精神功能，包括审美功能和心理功能。这样的变化在北京、上海、广州、杭州等大都市表现得比其他地区更加明显。

做科学研究要讲究科学方法和学习态度。关于这一点，毛泽东批评了部分人的做法。这些人对中国近百年来的政治史、经济史和文化史不了解，也不想了解。很多从海外归来的中国留学生只懂得西方文化中的零碎东西，回国后指手画脚，似乎很有一套，事实上，这些人的知识结构不全面。这样的学习态度和方法是不科学的。毛泽东倡导我们应该首先了解中国的过去和现在的实际情况，再到马克思主义那里去寻找立场、观点和方法，以解决中国自己的问题，不能为了学习而学习。①

关于学习历史的态度问题，按照毛泽东的思想，我们不仅要懂得中国文化，还要懂得各国文化；不仅要了解中国革命史，也要了解外国革命史；我们不仅需要学习西方设计发展史，也要学习中国设计发展史；不仅要懂得中国的今天，还要懂得中国的昨天和明天。

中国家具设计师应该了解中国的家具设计的过去和现在，才能描绘好明天的家具蓝图。在研究的同时，还要融入西方家具史中进步的设计理念，把中国的民族设计发扬光大。毛泽东科学地论证了中国文化的民族性与世界性的内在联系。

三、大众的设计

我们在上文中提出，设计要"为人民服务"。人民的需求、审美、经济能力是设计师需要思考的问题，是设计的主要参考标准。20世纪后半叶，虽然独立的"个人"还没完全走出抽象的"个人"的框架，尤其是在文化大革命时期，"个人自由"还没有得到全面发展。但是与民国时期相比，中华人民共和国成立后，人民的自由程度在某种条件下已经有较大的提升。人民在一定条件范围内可以"自力更生"，在"劳动最光荣"的口号下，人民可以通过劳动改变生活面貌。然而真正的个人追求还得等到文化大革命结束之后，尤其是改革开放后才开始。1977年，中国恢复高考，给年轻人带来希望，也给中国现代设计发展带来动力。广州美术学院在20世纪80年代开始讲授西方设计史，其学术影响由南向北发展。也只有到了这个时期，中国设计才真正做到为大众服务。全国经济出现一片欣欣向荣的景象，经济发展好了，中国现代设计才有发展的可能。此时，中国现代简约家具开始普及，全国范围内流行组合型家具。社会高层人士和有钱人士可以自由地购买高级家具，如西式软沙发和椅子、红木家具，也有人喜欢西方现代主义和极简主义家具。

然而，毛泽东在提出以上观点的时候，没有指明家具设计，甚至没有指明设计，这是由于当时"设计"这个术语还没有普及，"设计"这一职业还没有得到重视，它是为人民服务的附属工作。设计与文学艺术一样，都要为工农兵服务。在当时的社会环境里，宣传革命精神是一切文学艺术的主题，设计也如此。中国现代家具设计几乎没有受到毛泽东艺术发展思想的直接影响。当时中国人主要把目光放到苏联的艺术（建筑、美术和家具），而较少研究欧美的现代主义设计。

---

① 毛泽东选集（第3卷）[M]. 北京：人民出版社，2009：798-801.

第四节 苏联设计对中国设计的影响

20世纪50年代后,中国各地兴建了许多苏联和东欧社会主义国家设计风格的建筑,如北京展览馆和上海展览馆。苏联的建筑理论经过中国建筑师的演绎,与中国古典建筑样式结合起来,形成了新的风格,如保留东欧的大层顶、中国传统宫殿和庙宇的特点。北京的友谊宾馆、三河里四部一分办公大楼、北京地安门宿舍等,皆是如此。1953年,斯大林去世后,苏联社会发生剧变,改革浪潮兴起。此时,中国展开"反浪费"的批判,矛头指向复古建筑。

1956年,在"百花齐放、百家争鸣"方针的鼓舞下,中国建筑家重新向西方现代建筑学习,强调标准化,追求技术美成为前一段"民族形式"设计潮流的反拨。1958年,中国参加比利时布鲁塞尔国际博览会,这是各国之间进行交流与学习的机会,中国建筑师在此次展览中体会到"民族形式"的重要性。同年,北京天安门广场的人民英雄纪念碑建成。这座大型纪念性建筑,主体由梁思成等人设计,分碑身、须弥座和台座三部分,高37.94米。1959年,北京人民大会堂建成。这两栋建筑都是为了庆祝中华人民共和国成立10周年而建的,都受苏联设计风格的影响。

1961年建成的北京工人体育馆则是参加布鲁塞尔博览会后的全新作品,紧跟当时世界建筑发展的潮流。

然而,文化大革命使中国的建筑设计和艺术设计遭受了巨大的破坏。"文艺为政治服务"的原则要求建筑要体现某种"政治观念",建筑的精神功能和象征意义被极力地夸张。象征意义的建筑不断出现,红星、葵花是当时最常用的图案。政治的"标签"化导致艺术和设计显得单一和乏味。

第五节 西方现代主义设计对中国设计的影响

一、国家政策推动现代主义设计的发展

中华人民共和国成立后,工业大发展势在必行,因为工业产品是现代生活的必需品。20世纪前期中国只会引进西方的产品,然后进行仿制加工和批量生产。中国工业生产缺乏独立创造能力,市场上极少有中国人自己研究出来工业产品。1953年,第一个五年计划开始实施,苏联和东欧社会主义国家与中国建立友好互助关系,中国也派留学生到苏联学习,这极大地推动了中国工业的发展。1956年中央工艺美术学院成立后,开设日用工业品造型设计教育。

1959年,轻工业部召开全国轻工业厅局长会议,会议认可中国轻工业产品质量,并指出中国产品缺乏国际竞争力的原因是包装落伍。因此,应该加强工业产品设计、大力培养工业产品设计人才。但是,国内的政治因素和社会动荡又阻碍了工业包装设计的发展。

中国现代设计的大面积发展还得等到改革开放以后,国家采取了一系列举措来推动

工业设计的发展。1978年，成立中国工业美术协会；1983年，举办全国工业新产品展览会；1986年，创办《设计》杂志，鼓励中国设计师到海外学习，邀请外国专家来华进行学术交流。例如1983年，无锡工业学院邀请英国皇家设计学会顾问彼得·汤普逊（Petter Thompson）讲学，并举办工业设计培训班，邀请全国艺术院校来参加。又如1992年，经贸部、轻工业部和中央工艺美术学院联合举办了国际工业设计培训班，邀请联合国科技开发总署推荐世界著名的设计师来任教。1995年，北京大学与国外联合开办了工业设计研讨班。2000年，广州科技进步基金会、广州工业设计促进会等单位联合在广州举行主办"2000中日工业设计研讨会"和"2000日本工业设计优秀奖作品展"。以上这些措施极大地推动了中国现代工业设计的发展。

二、现代主义建筑对中国设计的影响

中西结合的现代建筑是中国人认识和接受现代主义和后现代主义的媒介。西方国家的建筑设计理论开始出现在中国杂志上，如《建筑学报》《建筑师》。许多世界著名的建筑家纷纷来到中国，将西方的现代设计展现在中国建筑家面前，1979—1982年，世界著名建筑大师贝聿铭设计建造的北京香山饭店属于西方现代建筑较早在中国大陆产生影响的作品。

北京香山饭店是西方建筑技术和中国古典风格相融合的结晶。香山是乾隆皇帝为狩猎而建造的园林。香山饭店采用高低错落的庭院式布局，注重与周围山水的和谐性。屋顶采用了中国传统建筑马头墙的轮廓，运用了罕见的磨砖对缝工艺，将窗户镶嵌出中国传统的"半露木构架"风格。贝聿铭认为香山饭店不仅仅是一个酒店，而是代表了寻求一条道路的努力。《纽约时报》评论说：贝聿铭是中国现代建筑民族化的指路人。贝聿铭也因这栋建筑获得了建筑界最高奖：普利兹国际建筑奖。

还有其他建筑师及他们作品都为现代主义建筑的发展贡献着力量。戴念慈于1982年设计的"阙里宾舍"，其特点是传统出新，强调民族形式。张锦秋设计了陕西历史博物馆，该馆于1983年开始筹建，1991年落成。其特点是再现传统文化。柴裴义设计的北京中国国际展览中心于1985年竣工，它具有较明显的现代主义风格。约翰·波特曼于1990年设计"上海商城"，采用"空间共享"理念。马国馨设计的北京国家奥林匹克体育中心于1990年建成，他强调建筑群体的整体关系，以体现东方建筑的气韵。上海金茂大厦于1994年开工，1999年竣工，设计师把中国传统文化与现代高新相融合，借鉴了中国古老的塔式建筑与海派建筑风格。

也有一些建筑师在继承传统过程中生硬拼凑，无论合适与否，都要在建筑中加上民族建筑元素。如，北京西客站。

还有一些建筑师既不追随西方风格，也不回归复古，而是探索如何走一条中国现代建筑的道路。如：上海图书馆（1952年建成）；杭州铁路新客站（1991年设计，1999年建成）；四川三星堆博物馆（1997年建成）；河南博物院（旧馆于1928年10月10日建成，新馆于1998年5月1日建成）。

中华人民共和国成立以来，比较受国人欢迎的是中西结合的现代主义建筑。在家具方面，情况也相同。这种现象体现了建筑与家具风格的统一性与和谐性。

结　语

　　在文化方面，到西方国家求学的中国学生在 20 世纪二三十年代陆续回国，并逐渐引起了文化改革潮流。人们开始谈论传统发展道路与西方化发展道路。这场讨论因"二战"的开始而暂停。"二战"结束后，这场讨论又重新发起，一直持续到 20 世纪末。在政治方面，与许多其他国家一样，中国经历了毁灭性的战争，并经历了由战争带来的其他一系列灾难。从设计历史角度来看，20 世纪见证了中国家具西方化的演变过程。改革开放以后，中国开始重视包装与设计，中国的设计师才有空间和机会谈论创新性，并于 20 世纪最后 20 年开始在国际设计舞台上崭露头角。

　　20 世纪的中国椅子经历了不同的时代，其艺术风格也呈现出不同的时代特征。椅子的发展与中国各方面的发展同步，互相影响，互相体现。从椅子设计的发展历程，我们可以看到个人自由的发展与转变的历程。

　　关于文化、政治和经济三者之间的关系，毛泽东认为："一定的文化（当做观念形态的文化）是一定社会的政治和经济的反映，又给予伟大影响和作用于一定的政治和经济；而经济是基础，政治则是经济的集中表现。"[①]他赞同马克思的哲学思想：人的存在决定人的意识。因此，我们可以说，20 世纪的中国椅子与当时中国的政治、经济和文化构成了一个有机的整体，互相影响，互相发展，你中有我，我中有你，互为体现、互为因果。

　　毛泽东关于艺术发展的思想对中国设计师有较大启发意义的，也是毛泽东思想的先进性的体现。我们应从全球视野来观察艺术发展，向全世界进步文化学习（包括设计），不管它是封建阶段还是资产阶段，只要是好的，有益于我们的发展都可以大量吸收。

---

　　① 毛泽东选集（第 2 卷）[M]. 北京：人民出版社，2009：663-664.

第八章 当代艺术作品中的概念性椅子

椅子有"权力"吗？在前面几章里，我们讨论了椅子的设计方法和设计风格。从物质的角度来看，椅子没有"权力"。那么从精神的角度来看，它有"权力"吗？我们尝试以当代艺术作品为例来讨论这个问题

早期人类经过劳动和生活的实践，已经确定凳子、椅子、扶手椅和沙发的基本形式和定义。19世纪末，逐渐有艺术家尝试把椅子形象融入艺术作品中，包括油画、雕塑等艺术形式。进入20世纪后，当代艺术家继续研究椅子自身的内涵和它可指向的意义，并尝试把这种内涵引入艺术作品，创作出许多不朽之作，启发了当代人的艺术智慧，带来审美享受。

不同的艺术家有不同的表现手法，梵高以油画形式表现椅子的形象，借助椅子的形象来折射出与椅子相关的人物形象和性格特征。美国舞蹈家肯宁汉大胆地把椅子融入他的舞蹈中，形成了独树一帜的舞蹈风格，为现代舞蹈的发展引路。

这些作品启发我们思考椅子的可指和所指范围：椅子的存在不仅仅象征上层社会的政治权力和财力，它也有自己的内涵和"权力"。

第一节 梵高的概念化椅子

一、两把椅子之间的讨论

梵高在1888年创作了两幅以椅子为主体的油画作品，其中一幅是《梵高的椅子》（见图8-1），另一幅是《高更的扶手椅》（见图8-2）。在作品中，他把椅子当做主要对象来看待，把椅子作为人物的象征符号。我们可以称之为椅子形式的肖像画，是概念性的肖像，是用椅子作为概念内容的肖像。这两幅作品为我们打开关于艺术作品中椅子的权力的讨论之门。

在维特根斯坦的逻辑学里，名称意指物体，物体是这个名称的意义。[①] 梵高给这两幅油画作品分别起名为《梵高的椅子》和《高更的扶手椅》，这两个名称让观者明确这是两位画家的椅子。但是，由于观者在生活中有使用椅子的经验，在一般人的思维里，椅子已经和主人联系在一起。因此，这两个空的座位让人不自觉地想起使用这两把椅子的主人。此外，两把椅子上分别摆放着不同的物品，暗示着两位主人的不同生活习惯、性

---

① [英]路德维希·维特根斯坦.逻辑哲学论[M].王平复，译.北京：中国社会科学出版社，2009：47.

第八章 当代艺术作品中的概念性椅子

图 8-1 梵高，梵高的椅子，1888

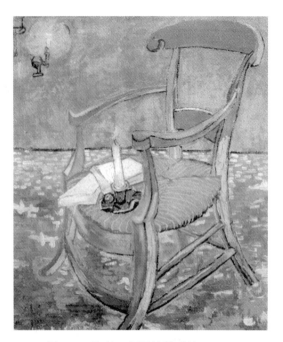

图 8-2 梵高，高更的扶手椅，1888

格特点和精神世界。经过的简单的推理，观者便明白这不是椅子画，而是两张形式特殊的人物肖像画。这两幅油画的创作目的是解释这两个人物的性格特点，以及两者之间的关系。梵高在这两幅作品所采用的逻辑思维是，让观者穿过物质层面——两幅以物体形式存在的具有象征意义的肖像画，进入非物质层面——两位画家的生活、思想和艺术观念等。

当我们有意把《梵高的椅子》和《高更的扶手椅》面对面放置时，似乎两把椅子所代表的两位画家开始激烈的讨论。梵高和他的朋友高更曾经于 1888 年在法国南方的阿尔乐市一起创作几个月。① 黄房子正是"艺术协会"的所在地。不幸的是，他们的思想和观念差异比较大，因此两人的日常讨论常常是激烈的。1888 年 12 月 17 日，他们在蒙彼利埃的法布尔博物馆（Musée Fabre）里观看了阿尔弗雷德·布吕亚（Alfred Bruyas）收藏的德拉克洛瓦（Delacroix）和库尔贝（Courbet）的作品展后，因观点不同而导致关系不断恶化。因此，同年 12 月 23 日，梵高说："我相信高更对美丽的阿尔乐市没有信心，对我们一起居住的小黄房子没有信心，尤其是对我没有信心。"② 然而，当我们凝视这两幅油画时，我们似乎能感受到两把正在激烈讨论的大椅子所折射出来的幽默感。

从作品中可看出，梵高的简单而普通的椅子放置在白天的自然光线下③，而高更的

---

① George S. Keyes, Van Gogh. Les portraits[M]. Lausanne: La Bibliothèque Des Arts, 2000: 131.
② George S. Keyes, Van Gogh. Les portraits[M]. Lausanne: La Bibliothèque Des Arts, 2000: 131.
③ George S. Keyes, Van Gogh. Les portraits[M]. Lausanne: La Bibliothèque Des Arts, 2000: 158.

椅子则放置在夜晚的人造光线下①,此种艺术布局实属明智之举,因为他表现了两种对立:自然与人造对立,白天与黑夜对立。两者之间的象征性对话在画面上得以呈现。这两把椅子可称为两个不以人体形式存在的幽默的肖像画。② 显然,这段"对话"中没有相同的观点,而是相反的观点。为了能理解这种激烈讨论,我们可以看梵高的另一幅作品。

1889年,梵高创作了一幅名为《梵高在阿尔乐的房间》。在这幅作品中,所有的家具都是黄色的。其中,床铺在整个画面中显得最为重要,是作品的主体。然而激活作品的物体并不是床铺,而是两把放置在床铺前的椅子,以及两幅挂在墙上的肖像画。这4件物品(见图8-3)构成一条斜线,它似乎要把画面分成两半。由4个物体构成一条斜线,这样构图的意图似乎想强调这4件物品本身;有时,我们感觉两把椅子正在凝视墙上的两幅肖像画,有时,似乎是墙上的肖像在凝视床前的椅子。这条斜线也意味着梵高想让4件物品进行"对话"。由于相关"人物"没有被放在同一平线上,而是斜线上,导致观者的脖子保持倾斜,感觉很不自在。这说明一个问题,在似乎平静的画面里,隐藏着许多激情的思想。显然,梵高想说明一个问题:4个对话者的出发点完全不同。因此,我们通过推理得知,梵高想表现的内容正是一个不自然不和谐的朋友间的"对话"(见图8-4)。

图8-3 梵高,梵高在阿尔乐的房间,1889

---

① George S. Keyes, Van Gogh. Les portraits[M]. Lausanne: La Bibliothèque Des Arts, 2000: 158.
② George S. Keyes, Van Gogh. Les portraits[M]. Lausanne: La Bibliothèque Des Arts, 2000: 158.

图 8-4　梵高，两张椅子和两张肖像构成一条斜线

让我们再次回到《梵高的椅子》和《高更的扶手椅》这幅作品上来。我们刚才说，两把"椅子"正在进行激烈而不和谐的"对话"，那么它们(他们)在说什么呢？梵高的椅子坐垫由黄色的稻草做成，被放置在红色的方块地板砖上，靠近墙壁。从画面的内容可推理，梵高把自己当成一个普通的人，需要吃(身后的洋葱)、住(房间)、享受快乐时光(椅子上的烟)。而高更的扶手椅有绿色的坐垫和红色的木质结构，放置在红色的地毯上，显得更为高级和奢侈。椅子上放置一支正在燃烧的蜡烛和两本浅色封面的书。这个画面想表达高更难以捉摸的内在力量，比如书本所象征的思想和直挺的蜡烛所象征强大的性能力。[①] 确实，高更曾经创作不少关于女性人体的油画作品，这一艺术爱好难道与他的性生活或者性思想无关？而梵高几乎不画女性人体，主要表现大自然中的事物。在他少量的人物作品中，他所画的人物皆为着衣人物，不与性思想有直接关联，而与生活的衣食住行息息相关。可见，两位画家的思想和内心世界完全不同，他们在生活中不能和谐相处是自然而然的事情。梵高把生活中较为严肃的不和谐关系通过幽默的方式表现在油画作品中：把人物转化成椅子；把思想转化成物品；把正经的客观事实转化为幽默的艺术事实。也许是因为这种转化方式使他的作品具有极强的艺术感染力，从而感动了我们。

尽管有许多差异，我们依然能够从作品中看出两位画家彼此间的友情。因为，当梵

---

① Judy Sund. Van Gogh[M]. Londres：Phaidon Press，2002：232.

高把他的朋友高更以椅子的形式表现在作品中时，他想间接地表现他对朋友的欣赏和感情。① 这种真诚的情感在真诚的绘画过程中得以全面宣泄，他表现出来的是视觉形式的感情、友情和欣赏。②

两把椅子的"姿势"表明，两个"人物"并不想面对前方的观众发表意见，而是转向存在于画面以外的人物：梵高的椅子转向左边，似乎左边延伸空间里还有另一个人，即高更；而高更的椅子转向右边，似乎右边延伸空间里还有另一个人，即梵高。这一点也证明我们有理由把两幅作品面对面放置，让它们进行直接的"对话"。存在意指不存在，这种艺术观念让我们想起中国传统绘画中的"黑白"或者"虚实"观念。也就是说，画家所画的内容暗指画家在空白处未画的内容。这样，空白处显得更为重要、更加有意思，因为那是无限的想象空间。但是，梵高的艺术表现观念又与中国画的"黑白"或者"虚实"观念不完全相同，因为他想暗示的内容不在画面中的空白处，而是在画面以外的可无限延伸的空间里。

这两幅作品的背景都是绿色，然而它们所表现的思想却完全不同，《梵高的椅子》更倾向于表现现实主义，而《高更的扶手椅》更倾向于表现理想主义。在《梵高的椅子》里，地板是普通的现实的红色方砖。除了梵高日常所用的烟斗外，我们还看到左后方有一箱子洋葱，黄色的箱子上还写着梵高的名字。墙壁和门板的色彩都很清晰、明朗，而且很普通，毫无亮丽之处。所有这些物品构成了画家的现实生活，没有给观念任何想象的余地。而《高更的扶手椅》则向我们展示了一个相对比较理想的生活境况。红色的地毯上绘有变化丰富的抽象的金黄色图案，覆盖整个地面。挂在墙壁上的蜡烛发出黄色的光，映照在绿色的墙壁上，形成一个圆形的金黄色光环。椅子上的两本书被椅子上的蜡烛光照亮。整个室内空间显得比较梦幻、浪漫或者比较优雅，似乎向我们展示一位爱读书的画家过着舒适安逸的理想生活。

然而，在现实中，至少在阿尔乐市，高更并没有理想的经济条件。相反，他很穷，以至于在他孤身一人来到阿尔乐与梵高一起在黄色房子里创作时，梵高的哥哥西奥（Théo）被迫为他支付旅行费用和生活费用。因为西奥在巴黎拥有一间画廊，经济能力较强，黄房子的房租也是西奥支付的。③

两幅作品中的绝佳的创作方式取自现代文学。根据乔治·凯斯（George S. Keyes）的著作《梵高，画像》（*Van Gogh, Les portraits*）可知，梵高采用诗的格式来绘画，是为了表达他想说的内容。④ 他借鉴的文学作品是巴尔扎克（Honoré de Balzac）的《人间喜剧》（*La Comédie Humaine*）和左拉（Emile Zola）的《卢贡·马卡尔家族》（*Les Rougon-Macquart*）。也就是说，他想象一系列内在形象来绘画思想、行为和现代社会的激情。⑤ 1888年年底，

---

① George S. Keyes, Van Gogh. Les portraits[M]. Lausanne: La Bibliothèque Des Arts, 2000: 146.
② George S. Keyes, Van Gogh. Les portraits[M]. Lausanne: La Bibliothèque Des Arts, 2000: 146.
③ Alfred Nemeczek. Van Gogh in Arles [M]. Munich: Prestel Verlag, 1999: 30.
④ George S. Keyes, Van Gogh. Les portraits[M]. Lausanne: La Bibliothèque Des Arts, 2000: 149.
⑤ George S. Keyes, Van Gogh. Les portraits[M]. Lausanne: La Bibliothèque Des Arts, 2000: 149.

关于色彩的象征性的讨论开启了，因此，我们在他的肖像中看到"暗示某种热烈情感的色彩"①。比如在他的向日葵系列作品中，我们看到强烈的笔触和热情的色彩，这些因素都体现了梵高强烈的表达激情和欲望。

令人感到惊奇的是，在《梵高的椅子》里，构图非常理性，且有规矩。因为，从绘画的空间和构图角度来看，椅子占据了一个非常适合它自己的位置，因此在整个空间中显得比较理性。也许这意味着梵高关注简单而天真的现实生活，然后又回到自然中。梵高通过色彩变化丰富的大笔触表达他从自然和人物的力量中感受到的激情和感情。相比之下，《高更的扶手椅》的构图显得没有那么理性。这把椅子占据了画面中大部分面积，显得有些膨胀：其中一只脚已经超出画面；靠背很靠上方，似乎也想超出画面。超越适合的位置，这意味着"没有规矩"，或者"狂妄自大"。难道这种"狂妄"反映了高更的自由思想？这种"狂妄"反映了高更对理想生活的幻想？梵高似乎想塑造这样一个高更：在夜梦中，高更想象着理想而自由的生活、充满着性爱的浪漫生活。从作品中可以看出梵高对高更的批评，他认为，高更的理想过于浪漫和理想化。

二、椅子中的人类精神

根据《图画诗歌》（*Ut Pictura poesis*）所主张的原则，如果诗歌与绘画相像，那么绘画也与诗歌相像。② 从文艺复兴以来，艺术发展的重要转折正是绘画具有了再现的内涵，即绘画可以再现某种事物。③ 梵高通过再现物质层面来说明非物质层面，两幅画中的两张内涵丰富的椅子揭示了他想表现的对象的思想现实。在绘画史上，这幅具有诗歌意味的绘画作品是一个重要的转折点，它是艺术作品中用椅子形式来再现现实的范例，为日后的艺术家提供了灵感来源。

梵高的绘画精神从何而来？他把让·费朗索瓦·米利特（Jean François Millet）视为大师。从米利特的艺术中，梵高意识到，在绘画中永远不要失去人的因素和艺术的社会责任感。④ 梵高的第二位大师是德拉克洛瓦（Eugène Delacroix），他的绘画色彩对梵高的影响很大。⑤ 梵高的审美理论也来自日本主义（Japonism），正是因为日本主义，他才来到被人称为日本式城镇的阿尔乐市。在这里，他要寻找日本绘画艺术中所描绘的日式风景。⑥

透过这两幅用椅子形象来表现人物形象的油画作品，我们可看到，在梵高的眼里，一把日常使用的椅子可以代表人的社会身份和思想观念。如果梵高与其他画家一样，画两幅真实的人物肖像——虽然头像和衣服可能很好地体现人的身份和思想，这将仅仅是一幅普通的肖像画，在艺术史上不会显得如此卓越。梵高仅通过椅子和物品来展现其主

---

① George S. Keyes, Van Gogh. Les portraits[M]. Lausanne: La Bibliothèque Des Arts, 2000: 146.
② Jean-Pierre Cometti. Art, représentation, expression [M]. Paris: Presses Universitaires de France, 2002: 26.
③ Jean Pierre Cometti. Art, représentation. expression[M]. Paris: Presses Universitaires de France, 2002: 25.
④ Alfred Nemeczek. Van Gogh in Arles [M]. Munich: Prestel Verlag, 1999: 20.
⑤ Alfred Nemeczek. Van Gogh in Arles [M]. Munich: Prestel Verlag, 1999: 20.
⑥ Alfred Nemeczek. Van Gogh in Arles [M]. Munich: Prestel Verlag, 1999: 19.

人所拥有的物质性和精神性的东西,这样的表现形式具有革新意义。梵高是当代艺术的引领者,深刻影响着同时代和后时代的艺术家。当代装置和雕塑艺术家们经常在作品中采用这种艺术表现形式,例如,约瑟夫·科索斯、约瑟夫·博伊斯、陈箴、艾未未。

第二节 杜尚的概念化凳子

一、凳子的角色和权力

当一张实用的日常生活中的物品放入艺术作品中时,它可以意味一些事态或者事实。在20世纪初,这方面的讨论在欧洲前卫艺术阵营里登上了台面。他们提出了一些设计的基本问题:在审美物品和工业物品之间是否存在对立性?造型空间和生活空间之间是什么关系?①

正是在这种艺术背景下,马塞尔·杜尚于1913年创作了他的现成作品《单车轮》(Roue de bicyclette)。根据法国艺术史学家希尔维·科里耶在她的著作《20和21世纪艺术中的蒙太奇》②(Le montage dans les arts aux XXe et XXIe siècles)中赞同伯特兰·鲁热(Bertrand Rougé)的观点,后者认为现成的作品是一种拼贴,《单车轮》便是一个例子。意思是说杜尚使用了蒙太奇技术或者理念来制作《单车轮》。他把生活中使用过的物品拼凑起来,构成一件艺术作品,从而提出关于艺术与物品之间的关系问题。我们的问题是:为什么艺术家和设计师均谈论到《单车轮》?它与设计有关吗?又与当代艺术有关吗?这些问题可以转化为一个问题:造型艺术与设计之间存在什么联系?我们很难清晰准确地回答这些问题。在此,我们仅讨论一个我们很少提及的问题:《单车轮》中凳子的角色问题。也许我们可以把这个章节当做通向以上这些问题的桥梁。

图8-5 马塞尔·杜尚,单车轮,1913

---

① Anne Bony. Le design[M]. Paris: La Rousse, 2004: 46.
② Sylvie Coëllier. Le montage dans les arts aux XXe et XXIe siècles [M]. Aix-en-Provence: Publication de l'Université de Provence, 2008: 214.

显然，作品名称"单车轮"在很大程度上阻碍了我们更好地理解这件作品本身的内涵。如果我们从名称开始理解作品，我们可能只看到作品的主角：单车轮，不注意凳子的存在。然而我们可以说它的角色与单车轮一样重要，因为它支撑着单车轮。我们可以从以下三个方面看到它的重要性。第一，如果我们把雕塑作品比喻成一个人体，凳子则可以当做"身体"，车轮则可以当做"头部"。因为，"坐具比任何其他物品更能胜任人类灵魂的计量器"①。第二，选择凳子作为支撑物是正确的，如果杜尚曾经使用一把椅子或者扶手椅，其靠背或者扶手很可能阻碍观者对车轮的视线，作品的整体和谐感将降低。第三，从作品的结构和制作角度来看，凳子的4条平衡的腿给单车轮提供稳定性。因为作品把圆形和方形有机地整合在一起：车轮和座位都是圆形，4条腿所占据的位置构成一个方形，因此，整体很和谐。

杜尚赋予凳子特别的权力，是为了剥夺单车轮的权力。杜尚让凳子把单车轮高高举起，而且让单车轮反过来，阻碍了车轮在地面上正常的滚动，也就是改变了车轮的正常使用功能。车轮只能被动地停留在凳子的"身体"上，以供观众"欣赏"。在雕塑展览时，我们一般用圆台或者垫子支撑作品，而在《单车轮》中，凳子既是作品主体的支撑物，也是作品的重要组成部分，而且它的力量显得比主角的力量更大，我们有没有理由不关注它？

杜尚在赋予凳子一种权力的同时，也赋予它一定的限制性。从功能角度来看，一把凳子应该由人来坐，但是在该作品中，却是单车轮来"坐"凳子。凳子有"权力"把单车轮限制在上方，但是却失去了"让他人坐的权力"。被倒转并限制在上方的单车轮此时却多了一项权力，即，它不允许他人来骑。这里提出了功能的唯一性和限制性问题，也提出了权力的相对性和绝对性问题。

杜尚想通过改变功能和角色来改变人们的观念。首先，杜尚改变现成品的角色以改变其功能。凳子本应该由人来坐，现在却让单车轮来"坐"；车轮本应该在地上滑动行驶，但是它现在却被限制在凳子上。它们都失去了使用功能。这两件现成品本应该在生活中使用，现在却在展厅里让人们观赏和思考，它们在被剥夺使用功能的同时，也被赋予了艺术欣赏功能。从一个角色转化到另一个角色，从一种功能转化成另一种功能，从一种身份转化到另一种身份。杜尚做这些转变操作，其目的很有可能是改变人类对物品、艺术和设计的看法，进而思考人类自身的存在价值、存在的必要性和存在的形式问题。

二、设计与艺术的关系问题

改变、转化、演变这些关键词汇可以帮助我们更好地理解杜尚的作品。杜尚倡导采用新方法：通过改变物品的地点、角色、形式或者功能，以此来改变作品的内涵，也改变大众对艺术的态度。他用现成品来制作艺术作品，为当代艺术和设计开创了新的研究领域，为两个学科提出了关系问题。杜尚关注两个转化问题：从艺术转化到设计、或者从设计转化到艺术。我们不能确定到底是哪一方先影响哪一方，或许在不同的情况下，

---

① Charlotte & Peter Fiell. Moderne chairs[M]. Cologne：Taschen，2002：8.

先后顺序则不同。但是，我们可以确定两者相互影响，并达到互相融合的程度。事实证明，在艺术家和设计师关注两个学科之间的关系问题的过程中，艺术与设计的差异却越来越小。这样的融合趋势难以避免。1919年，包豪斯学院成立并设立艺术课程，把设计与艺术有机地联系在一起，学员们不仅学习艺术技能，也学习设计技能。此后，大部分当代艺术院校也同时设立艺术与设计两个学科，这为它们之间的融合提供了可能，从而逐渐演变成"跨学科性"(Interdisciplinarité)和"多学科横向性"(Transversalité)，现在逐渐走向无学科界线的趋势。我们可以参考如图8-6所示的双向发展：

图8-6 设计与艺术的联系

当代艺术理论家们也提出了同样的问题，西尔维·科里耶说："造型艺术已经涉及了所有的领域(场景、电影、音像、食物等)，多学科地横向性接触到专业学科的所有内容(比如，巴塞罗把舞蹈、雕塑和场景艺术巧妙地结合起来)。"①科里耶在艾克斯-马赛大学的跨学科课程中曾谈及艺术学科的横向性，与她合作的教师分别来自电影、音乐、戏剧、造型艺术等学科领域。这个课程为硕士研究生提出学科横向性问题，鼓励学生从多学科来研究本专业。艺术作品与设计产品无法分离——艺术作品中所表现的大部分物品皆为设计产品，如服装、家具、道路、建筑，因此，设计与艺术之间存在横向性的讨论空间。

此外，科里耶还谈论到设计。她说："设计的修辞采用所有可能的形式，包括采用令人不安的物品来表现附加审美价值，比如杜尚的《小便槽》，从此以后，它便是价值的象征。"②在谈论设计的形式的时候，她承认杜尚的现成品属于设计范畴，正如她所举的例子《小便槽》。当该物品在展厅中展出时，艺术家给它命名为《泉》，杜尚可能想通过改变名称来改变现成品的属性，似乎他在向观众宣称：这不再是小便槽，而是艺术品。问题是它曾经是小便槽，我们无法改变现成品的历史事实，因此，它曾经是设计产品。现在艺术家改了名称、换了个地方，它应该变成艺术品。从这个演变的过程来看，

---

① Sylvie Coëllier et Louis Dieuzayde. Arts transversalités et questions politiques [M]. Aix-en-Provence：Publication de l'Université de Provence, 2011：52.

② Sylvie Coëllier et Louis Dieuzayde. Arts transversalités et questions politiques [M]. Aix-en-Provence：Publication de l'Université de Provence, 2011：52.

物品的性质和存在形式毫无变化，是人认识物品的态度改变了。换一句话说，是艺术家杜尚希望观众改变对现成品的态度。事实上，杜尚的改变过程是在追问设计与艺术的关系，也可以分化为另一问题：生活与艺术的关系问题。完整的演变过程可以是这样的：设计产品—生活的洗礼—艺术品。显然，生活的洗礼是艺术品形成的基本条件，是生活化的创作过程，而不是艺术化的创作过程。杜尚对生活有着浓厚的感情，他认为生活本身就是艺术，他的一举一动都是艺术作品。这样一想，他把现成品纳入艺术范畴就不再令我们感到惊讶了。

虽然杜尚提出了艺术与设计互相融合的问题，但是他依然承认设计与艺术是两个独立的存在体。它们之间虽然有共同之处，但是也存在本质的区别。艺术作品是否能以实用物品的形式存在？设计作品是否能以艺术作品的属性存在？这样的讨论永远敞开大门，没有结论。

然而，在"一战"前逐渐形成的杜尚主义被两次战争限制了其发展的速度和影响范围，因为经济、心理和社会的不稳定性阻碍了艺术家的艺术创作激情："一战"于1914年爆发，至1918年结束。20世纪30年代，国际社会出现经济大萧条。"二战"于1939年爆发，至1945的结束。"二战"后，整个国际社会都需要大面积重建，社会物资严重短缺。在冷战期间，社会的不稳定性、不确定性和人们的担心充满了整个社会，直到20世纪60年代，杜尚的艺术观念才开始被欧洲艺术家长设计师重新提及和广泛运用。因为从60年代起，国际社会开始彻底改变：美国人反抗美国军队对越南发动战争，反对种族歧视，反对旧的思维方式，反对传统等。似乎一切存在的事实都将被打破，包括艺术和艺术创作方法。

第三节　肯宁汉舞蹈中的概念化椅子

一、椅子如人

默斯·肯宁汉既是舞蹈家也是舞蹈编导。"一战"结束后，他出生在华盛顿，并于1939年开始他的舞蹈职业生涯。他的出生时间与进入舞蹈行业的时间都与战争爆发的时间有密切联系，对于他来说，很难避免战争对他的思想和生活产生影响。他对和平的思考、对新生活的追求有着自己的理解，战争期间和战后所发生的事件将会以某种形式演绎在他的前卫舞蹈中。战争改变了人们的价值观，人们都在追求新的生活方式以体现这种新的价值观。艺术创作者们也不例外，肯宁汉自然也想脱离传统舞蹈，为新生活创造新舞蹈，体现新思想和新观念。因此，他编导了许多新概念现代舞蹈，主要表现在舞蹈的形式、道具、服装、音乐等几个方面。

20世纪40年代，他迎来了职业生涯的开端，他开始与美国音乐家约翰·凯奇（John Cage）合作。两位艺术家后来发展成为生活伴侣。在他的舞蹈作品中，舞蹈与音乐并行发展（表现）：它们在同一时空里共同存在、互相演绎、互相协作、互相交叉。

1955年，肯宁汉在舞蹈《夜曲》（Nocturnes）中塑造了一个想象位置。他用身体塑造了一张"长板凳"造型,一系列爱情约会①在有生命有感情的"长板凳"上展开(见图8-7)。1956年,在他的舞蹈作品《五人套间》(Suite for five)中,他用身体塑造了一把"坐具"等待一位来访者来坐。笔者认为,这种姿势可能是要表现一场同性爱情(见图8-8)。

图8-7 默斯·肯宁汉,夜曲,1955

图8-8 默斯·肯宁汉,五人套间,1956

---

① David Vaughan, Melissa Harris. Merce Cunningham: fifty years [M]. New York: Aperture Foundation, 1999: 92.

1958年，肯宁汉终于在他的舞蹈《滑稽的会面》(Antic Meet) 中使用一把真正的椅子。此作品的音乐由约翰·凯奇创作。肯宁汉把一把空椅子捆绑在他的后背，人与椅子一起舞蹈。这样的舞蹈形式确实让人感到新奇，而奇怪之处正是舞者和观众思考的地方（见图8-9）。这个舞蹈的灵感来源于由贾斯培·琼斯（Jasper Johns）和罗伯特·劳申伯格（Robert Rauschenberg）为约翰·凯奇的40岁生日准备的晚宴。凯奇在晚宴的过程中，把他的声音实验片段连接在一起，构成了个音乐回顾总谱。①

图8-9　默斯·肯宁汉，滑稽的会面，1958

舞蹈的名称"滑稽的会面"表明，椅子代表那个他曾经会见过的人的位置。舞蹈家背着这把椅子跳舞，叙述了一场滑稽的会面。滑稽性可以体现在以下两个方面：第一，背着椅子跳舞。第二，和一把椅子会面。滑稽点或者让人感到奇怪之处，正是作品能吸引人之处。这样的舞蹈形式在当时具有革新性。

这种舞蹈表演获得了巨大的成功。他背着椅子跳舞的各种姿势被许多艺术家和摄影师记录在艺术作品中。其中安迪·沃霍尔于1974年制作的墙纸艺术作品最具代表性。这张作品在肯宁汉家里引发了一场具有幽默色彩的误会。有一天，肯宁汉的母亲到他的

---

① Andrew M. Goldstein. The Stories Behind the Merce Cunningham Collection Artworks [DB/OL]. [2012-10-22]. http://www.artspace.com/magazine/iuterviews_features/close_look/merce_cunningham_collection-5194.

住处来拜访。这是她第一次见沃霍尔，不了解除沃霍尔的职业，也不知道他的儿子肯宁汉这个舞蹈编导最近在忙什么工作。当她看见墙上贴了一张"美丽的"墙纸时，高兴地对他儿子说："最终，你还是做了一件有用的事情。"在她看来，墙纸具有实用性，可能比舞蹈更有意义。两位艺术家听到此话都忍不住笑了起来。也许母亲的话具有多重含义：肯宁汉的舞蹈成功了，他的形象被用在艺术作品里，并能用它来装饰墙壁，这是一件值得高兴的事情。肯宁汉很乐意和朋友们提起这一次充满幽默感的经历。

要想深入理解肯宁汉的舞蹈作品，我们有必要谈论他身边的艺术家。他们不仅进入了他的私人生活，也进入了他的职业生活，并在思想上产生影响，从而影响他的舞蹈创作和表演。比如，安迪·沃霍尔是波普艺术家，贾斯培·琼斯是抽象画家，罗伯特·劳申伯格研究拼贴绘画艺术，后两位艺术家对肯宁汉的影响显得更为明显。

以上这几位艺术家，包括布鲁斯·纽曼，从20世纪50年代开始提及众艺术学科横向性问题，他们自然了解彼此的艺术思想。一把捆绑在舞者后背的椅子，还有服装，组合构成（拼凑）了现代舞蹈作品。这样的创作理念与罗伯特·劳申伯格创造的拼贴艺术有异曲同工之妙。1977年，肯宁汉创作了一支舞蹈，题为《旅行》(Travelogue)。在舞蹈中，他使用了一些椅子，每一把椅子都放置在一个四方体木垫上。犹如展览厅里正在展示一些椅子形式的雕塑装置作品。显然，肯宁汉借鉴了友人们的造型艺术表现手法。除了椅子之外，肯宁汉也使用其他形式的造型艺术作品到他的舞蹈中，并且围绕着这些作品表演舞蹈，用身体语言与艺术作品进行沟通。马塞尔·杜尚是约翰·凯奇的朋友，后者是肯宁汉的生活伴侣，因此，杜尚也有机会通过凯奇的引荐来了解肯宁汉的舞蹈艺术。1968年，正值马塞尔·杜尚组织作品展《在新娘周围跳舞》之际，凯奇、劳申伯格、琼斯和肯宁汉编导了一支舞蹈，并围着杜尚的艺术作品表演。肯宁汉创造了舞者与造型艺术作品的新的联系方式。

肯宁汉的舞蹈是叙事性和戏剧性的作品。从表面上看，他的舞蹈动作仅是纯粹的动作，显得冷漠，没有感情，似乎毫无内涵。当黑格尔谈到创造人类艺术作品的心理需求时，说："人类是一个有良心的思考者。"[①]肯宁汉的抽象舞蹈表现人类的精神层面和有良知的思考者的生活。人有体现自己的需求，也有"转化这个世界的需要，正如转化自己一样，为的是让自己成为世界的一部分，并给世界印上自己的特点"[②]。

黑格尔认为一件艺术作品是内部必要性与外部必要性相互作用的结果。这个观点与我们在第一章提出的观点一致。肯宁汉的"奇怪的"舞蹈在某种程度上体现了20世纪50年代末到60年代"奇怪的"美国社会。这种"奇怪"并不是肯宁汉个人创造的，而是社会状况的反映。那段时期正是现代艺术发展的高峰时期，整个社会都想摆脱传统，寻找新生活，创造新艺术形式。这些都属于外部的必要性。肯宁汉是一个有社会良知的舞蹈家和舞蹈编导大师，他在外部矛盾的作用下，酝酿了内在的必要性，要通过舞蹈把社会事态表现出来，这便促成了肯宁汉的独特的现代舞蹈（见图8-10）。

---

① G. W. G. Hegel. Esthétique des arts plastiques[M]. Paris: Editions Hermann, 1993: 42.
② G. W. G. Hegel. Esthétique des arts plastiques[M]. Paris: Editions Hermann, 1993: 42.

图 8-10　安迪·沃霍尔，舞蹈中的默斯·肯宁汉，墙纸绘画，1974

肯宁汉的舞蹈引出了几个问题。首先，从艺术角度来看，我们能否把舞者后背的椅子当做一个人物？如果可以，《滑稽的会面》这支舞蹈可以成为两个人之间的联系（互相），其中一个可以自由活动，另一个则不可以，必须依赖于前者的身体移动来移动自己的身体。其次，由于椅子的重量在舞者的身上产生一定的压力而导致舞者感到不舒适，而且不能轻松地舞动。这种压力（或者我们可能它称为"限制""条件"）是不是一个人在生活中必须或者经常承受的压力？此外，如果舞者后背的椅子是一个空的位置等待着一个潜在的人来坐，这意味着舞者正期待着与一个潜在的人进行心灵对话，不是面对面，而是背对背地对话。这是舞者心中的希望。最后，从造型艺术角度来看，围绕一作雕塑作品起舞这一系列行为，可以构成一系列新形式的现实主义雕塑作品。即舞者的每一个动作和造型都是一个有生命的雕塑作品，它具有时间的短暂性。

为了更好地理解肯宁汉既抽象又有戏剧性的舞蹈作品中的哲学思想，我们有必要谈到贾斯伯·琼斯。后者于 1964 年制作了一件作品《数字》，并邀请肯宁汉在其作品上印上他的一只脚印，以便使"肯宁汉在新建成的戏剧院里有一个立足之地"①。1996 年，

---

① David Vaughan, Melissa Harris. Merce Cunningham: fifty years [M]. New York: Aperture Foundation, 1999: 291.

琼斯为肯宁汉创作了一幅肖像，题为《大海》。图中抽象的波浪在激情地翻滚，这些图像符号可能象征肯宁汉的哲学思想。一片波浪汹涌的海洋代表一片哲学思想在激烈迸发的精神海洋(见图8-11)。

图8-11 贾斯伯·琼斯，大海，1996

肯宁汉为舞蹈作了70年的贡献，对当代舞蹈和艺术产生了深刻的影响，这样的成功证明他已经在舞蹈领域找到了属于他自己的"椅子"：他的精神归属之地、他的社会地位。

结　语

梵高在绘画中用两把椅子来代表两个人物：梵高和高更，为我们打开了椅子艺术作品中的转化的研究之门。这里有三点值得我们注意。

第一点，这两幅油画向我们呈现了两位画家之间的无声的对话，揭示了与两位画家相关的事实，因此它们内涵丰富，寓意深刻。

第二点出自第一点。从实用功能角度来看，坐具变成一个容器，承载着其主人的事实和当时社会的事实。从艺术表现形式来看，坐具是一个重要的媒介，艺术家可以通过它表达许多观念。

第三点，梵高的椅子成为艺术史上的一张私人标签。也就是说，梵高在画"椅子"时，为自己在艺术史上画出(或者划出)了一个位置。总之，在艺术作品中的椅子具有双重意义，一是艺术表现革新意义，二是艺术家的身份表达意义。

马塞尔·杜尚的作品《单车轮》采用了蒙太奇的创作手法，通过它，我们发现有几点值得关注。

首先，我们发现支撑着单车轮的凳子在作品中起着重要的作用，它是不可缺少的角色。作为一件拼凑起来的艺术作品，有必要把所有物品根据一定的原则或者方法进行安装(安排)，使它们成为一个和谐和有意义的整体。轮子被安装在凳子上，两者形成反向对比，作为观众，我们可以理解为：这是作品的创作意图。不知道杜尚如何看待这个问题？

自《单车轮》问世以来，设计与艺术之间的关系问题开始出现在艺术家和设计师的讨论里。这个问题也引出了其他重要问题，如：艺术与设计互相演变的可能性问题、艺术与设计的横向性问题。

其次，杜尚通过具有变革色彩的艺术行为来推动艺术和设计的发展。因为这个贡献，我们可以把杜尚称为当代艺术家的导师，这些受影响的艺术家们又以他们自己的方式影响整个社会。

在梵高的"椅子"和杜尚的"小便槽"之后，椅子在艺术作品中的转化问题将被20世纪60年代的众多艺术家和设计师广泛地讨论、扩展和延伸。我们感觉似乎一切都将被打破和改变。

在肯宁汉的舞蹈中，椅子既是一个支撑物，也代表一个人物、一种限制。一方面，这是一种工具化舞蹈，非纯形体舞蹈。另一方面，这也是一种工具拟人化舞蹈。肯宁汉为椅子创造了新的艺术语言，并与椅子展开了一系列形体交流活动。

第九章　存在的限制

德国哲学家马丁·海德格尔(Martin Heidegger)于 1927 年出版了一部专著,题为《存在与时间》(德:*Sein und Zeit*)。在这部著作里,他介绍说,真实性是人类生活的目的,在生活的过程中,人类应该获取勇气,以便面对死亡和实现他的个人才华。海德格尔的学生,法国哲学家让-保罗·萨特(Jean-Paul Sartre)追随他的导师,并发展了存在主义哲学体系,于 1943 年出版了哲学著作,题为《存在与虚无》(法:*L'être et le néant*)。存在主义哲学的最大特点是个人的自由、责任和选择。① 1946 年,他出版了另一部著作,题为《存在主义是一种人文主义》(法:*L'existentialisme est un humanisme*)。

20 世纪 60 年代,艺术进入后现代主义发展阶段,当时的一些艺术作品可以见证社会的约束与强制,同时也见证了艺术表现的自由。存在主义或多或少影响到西方艺术家,尤其是 20 世纪 60 年代的艺术家。20 世纪 80 年代,西方当代艺术走入中国人的视野,因此存在主义思想开始影响中国艺术家。在知识分子所思考的问题中,存在问题占首位。部分艺术家选择成为存在主义者,并在他们的概念艺术作品中提出关于存在主义的问题。在以下几节中,我们谈论几位具有代表意义的艺术家:约瑟夫·博伊斯、安迪·沃霍尔、史蒂芬·维沃卡、约瑟夫·科索斯、布鲁斯·纽曼和恩佐·库奇。

第一节　椅子中的双重存在

一、双重存在:动物油脂与人体

德国当代艺术家约瑟夫·博伊斯主张一个原则:每一个人都是艺术家。假设每一个人都是艺术家,那么他(她)所使用的物品可否成为艺术作品?艺术家在艺术创作的过程中采用日常生活中的物品,或者一些来自大自然并与人类有关(或者与艺术家的生活有关)的物品。比如,兔子、野狼、毡子、动物油脂,这些事物可以当做某一种"能量的象征"②,这种象征意义使博伊斯得以提出关于人文主义、生态学、社会学、

---

① [美]罗伊·T. 马修斯,德维特·普拉特. 西方人文读本[M]. 卢明华,计秋枫,郑安光,译. 上海:东方出版社,2007:638-639.

② Isabelle de Maison Rouge. L'art comtemporain, au-delà des idées reçues[M]. Paris:La Cavalier Bleu, 2013:30.

第九章 存在的限制

人类学等问题。

约瑟夫·博伊斯的作品《油脂椅子》创作于 1963 年，由一把椅子、动物油脂和一根铁线构成（见图 9-1）。这是一件叙事性作品，讲述艺术家的亲身经历。1943 年，博伊斯 22 岁，他所驾驶的德国空军飞机在克里米亚被击落后，当地村民用动物油脂涂抹在他的身上，并用一张毡子把他包住，这是当地人的一种传统救人方法。①我们可以想象，事发现场肯定围着许多鞑靼人，他们使用传统医学方法使博伊斯恢复意识，保住性命。博伊斯最终得以幸存，这是一个奇迹。博伊斯通过《油脂椅子》来回忆一段传奇故事。

救治过程提出了存在问题，在这个危险的时刻，博伊斯的生命的存在依赖于这些动物油脂的存在。换言之，如果油脂不存在，艺术家的性命也不可能存在。也许，正是由于这个原因，博伊斯

图 9-1 约瑟夫·博伊斯，油脂椅，1963

他把动物油脂展示在椅子上。现在油脂存在了，人也就存在了。博伊斯使用反证法，使用油脂的存在来暗示人的存在。此外，当博伊斯让油脂"坐"在椅子上的这种行为，实际是也是对鞑靼人的敬礼，他们在博伊斯的余生中应该占有重要的位置，所以应该请他们上坐。博伊斯没有使用漂亮的物体，而是使用普通而陈旧的椅子和常见的油脂，以及生锈的铁线，也许是因为这些普通物品最接近普通的鞑靼人的生活，最能传达鞑靼人的思想品质。然而，"请油脂上座"这一种艺术行为，却向我们传递了一种神圣的精神。博伊斯通过普通物品的平庸性来体现或者折射出人的崇高性，这正是他的艺术个性特征。

捆绑在椅子的横条上的铁线暗示椅子曾经被挂起来，这意味着博伊斯的生命跟随他的飞机曾经命悬天际。博伊斯把油脂塑造成三角体造型，形成一个倾斜面，让人产生有向下滑落的感觉，这暗示了他曾经从天空中"滑落"下来，重重地摔在地上。而且，油脂的存在以及它的滑坡感限制了椅子的使用功能，他人无法再坐，这又暗示了这个位置只属于普通的油脂，也就是说只属于普通而高尚的鞑靼人。

---

① Isabelle de Maison Rouge. L'art comtemporain, au-delà des idées reçues[M]. Paris: La Cavalier Bleu, 2013: 30.

二、勇敢和艺术

博伊斯通过这件艺术作品来叙述一件事情，在事件的过程中，他被置于死亡和生存之间的危险境地。现在我们有必要来谈谈这两个端点之间存在的概念，以强调艺术家的勇气和艺术想法。

我们在上文中说过，油脂的存在暗示了人的生命的存在。而前者可以指向曾经存在的动物的死亡。也就是说，动物死亡之后，转化为油脂（实际上是被炼成了油脂）。一般来说，当一只动物死亡后，我们可以说这只动物不存在了。但是一定有什么东西可以证明它曾经真实地存在过。油脂便是其中一个证据。但是，从笔者的观点来看，博伊斯并不想通过这件作品来证实一只动物的存在。那么，艺术家是不是想通过这件作品来论证他死亡之后的存在形式也是一堆油脂？这一个问题可能引起某些人的惧怕感，但是曾经参加过战争并经历不少危险境地的博伊斯，在1963年时已经42岁，会因惧怕而不敢谈论死亡问题吗？我们尝试从中国哲学的角度来看这个问题。

冯友兰认为，《庄子》中的《齐物论》这一章的主要观点是：在所有事物中，没有一个是恶的；在所有在观点中，没有一个是不正确的。也就是说，所有存在的事物都有其存在的理由。但是对于我们来说，正确与不正确是相对的，这取决于我们采取行动时所处的条件。沿着庄子的观点，冯友兰认为，在所有存在的形式中，没有一个是恶的；死亡意味着某种存的形式转化成了另一种存在的形式。这种观点可以证明动物的油脂是这一只动物的另一种存在形式。作为人类，我们也拥有同样的物质特征，因此人类也可能拥有同样的物质转化过程的可能性：人的脂肪也可以凝固成动物油脂形态。当然，人并不会像动物一样被人类炸成油脂。因此，在这件作品中，油脂并不是直接象征人类死亡之后的存在形式，而是暗示了人类曾经存在。

当博伊斯于1943年经历这起事故的时候正值22岁，由于年青，他当时可能没有能够理解死亡与生存之间的哲学关系。时间来到1963年，他已经42岁。孔子说，人四十而不惑。42岁的博伊斯此时应该能够超越他的不确定因素。也就是说，在多年的经历之后，他应该饱读了人生哲学。按照庄子的物质转化观点，博伊斯应该理解，从生存到死亡的演变过程并不意味着结束或者开始，而是物质的无限转化过程。①

经历20年的思考和沉淀（1943—1963），博伊斯找到了用艺术作品来表达情感的内在"必要性"，这种必要性曾经是他的生活的中心问题。他把油脂搬上椅子，这种行为里包含了肯定性、安定性和高尚性。当博伊斯说"所有人都是艺术家"这句话时，他应该表明，艺术不再被限制在传统形式里，所有物体以及所有存在的人类的行为都可以走进艺术作品中。但是，艺术不应该是如此简单，有关的"人"应该经历或者见证过某个经历②，而且还能够与这个历史事实拉开距离。因为，当这个"人"以艺术的名义来展示某种东西时，他是这个事件的观察者，而不再是事件的主人公，或者事件中的受害者。根据朱光潜先生的观点，在艺术创作中，事件的客观化非常有必要。艺术家有必要

---

① 冯友兰. 中国哲学史（上）[M]. 上海：华东师范大学出版社，2010：138.
② Joseph Beuys. Volker Harlan. Qu'est-ce que l'art[M]. Paris：l'Arche，1992：21.

把自己置身于观众或者观察者的位置上。① 博伊斯是他所经历的事件的主人公,现在他需要与这些个人经历拉开距离。因此,他既没有展示事件的现场,也没有展示人,而是展示了普通的物品,这些物品曾经是事件的"见证人",因此与事件中的人有关系。这种艺术逻辑思维是艺术中的政治,或者叫艺术政治。

安迪·沃霍尔曾经为博伊斯创作了几张肖像,他非常欣赏博伊斯在艺术中表现出来的政治思想。沃霍尔说:"我喜欢博伊斯的政治思想。他应该来美国从事政治工作。这将是非常棒的。他可以成为总统。"② 然而博伊斯并不是一名政治家,但是通过他的艺术,他在艺术领域里扮演了政治性人物,影响了世界上的艺术家,或多或少也影响了政治家。总而言之,没有这般勇气,他将无法为艺术作出如此巨大的贡献。

综上所述,博伊斯是一个勇敢的和善于思考的男人。虽然他在年轻时经历了战争所带来的痛苦,但是,他却勇敢地把这些经历转化成为艺术作品的元素,创作出不少有感染力的艺术作品。一方面是为了进行自我人生的回顾,另一方面也是为了进行当代艺术探索。他的寓言般的故事具有深刻的内涵,启发我们对人类生活中的苦难进行深入的思考。一把陈旧的斑驳的普通的椅子以及上面的油脂都能完美地映射出博伊斯所经历的苦难,这便是他的艺术的魅力。

第二节 双 重 广 告

一、安迪·沃霍尔的电刑椅

1889 年,美国电力工程师霍罗德·皮特尼·布朗(Horold Pitney Brown)发明了电刑椅,这种椅子使用交流电。交流电比直流电更加危险,可以导致人的死亡。这个发明完全符合人性化要求,因为人类需要没有痛苦的行刑方式。我们来看看执行电刑的过程。根据格雷拉·皮奥弗雷的书《大发明》,当犯人坐在电刑椅上的时候,电极传导到犯人的头部和其中一条腿上。首先向犯人传导 2000 伏的电流,暂停一会儿,再传导 500 伏电流,此次持续时间比前一次较长。这两次电击足以让人死亡。③ 第一个接受电刑的犯人是威廉·凯姆勒(William Kemmler),他于 1890 年在美国纽约被执行死刑。1960 年 5 月 2 日,在美国加利福尼亚的圣昆廷监狱的一间毒气房里,卡罗尔·切斯曼(Caryl Chessman)在电刑椅上被执行死刑。最后一个被使用电刑椅执行死刑的犯人是杀手埃迪·李·维斯(Eddi Lee Ways),处决于 1963 年 8 月 15 日在星星惩教所执行(见图 9-2)。此次处决震动了美国当代艺术家安迪·沃霍尔,促使他创作艺术作品《电刑椅》。

---

① 朱光潜. 谈美[M]. 北京:新星出版社,2015:18.
② Michel Bulteau, Andy Warhol. Le désir d'être peintre[M]. Paris:La différence,2009:72.
③ Gérard Piouffre. Les grandes inventions[M]. Paris:Editions First-Gründ,2013:158-159.

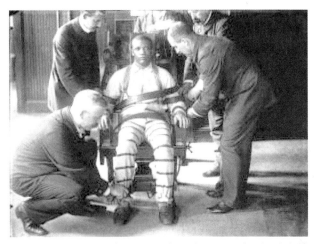

图 9-2　霍罗德·皮特尼·布朗(左)正在纽约星星监狱里调试电椅，1889①

二、安迪·沃霍尔的双重广告

1963 年，安迪·沃霍尔到星星惩教所拍了一张电型椅相片，在那里在，曾经有 614 名犯人被使用电刑椅处死，当时这把椅子被称为"老火花"(Old Sparky)。沃霍尔从 1963 开始用这张相片创作一系列电刑椅作品。第一张作品是丝网印刷作品，名为《银色车祸》。1967 年，沃霍尔使用同一张相片创作了几张作品，当中使用红色调、蓝色调或者绿色调渲染，产生不同的艺术效果。他的创作方式很简单。1967 年，在他与格蕾琴·贝格(Gretchen Berg)的对话中，他说仅修改了表面的东西，这些表面的东西是某种"盲文精神"，通过它，我们可以理解一些事情。在这些作品中，没有一点痕迹是多余的(见图 9-3)。

图 9-3　安迪·沃霍尔，银色的双重灾难，1963

---

① Public Torture of a Dog Spurred Electrical Progress But Edison Shorted Out[DB/OL]. [2009-07-30]. https://symonsez,wordpress,com/tag/harold-p-brown-electric-chair.

第九章 存在的限制

人们认为沃霍尔的电刑椅系列作品反映了悲观的和消极层面，体现了人类的担心。然而，沃霍尔却认为，这不是真正的担心，这只是勾起我们对那些曾经在我们身边生活过的犯人们的必要的回忆(见图9-4)。

图9-4　安迪·沃霍尔，电刑椅，1963

沃霍尔以"死亡"为主题创作了不少作品。1962年，一场飞机事故夺走了129条生命。此事发生后，沃霍尔运用报纸上报道此事所用的相片创作了作品，题为《一个飞机事故中丧生129人》。在整个事件的传播过程中，报纸是传播(Transmission)此事(Action)信息的第一媒介(Media)。沃霍尔的作品是传播此事的第二媒介，称为"再传播"(Re-tranmission)。这是艺术家对社会生活的反应(Re-action)。"再传播"意即"强调"，艺术家在做"再传播"这个反应的时候，"强调"了此事的重要性，感召人们来回忆这件事情。根据沃霍尔的想法，人们应该思念在事件中死去的人们，不管他们曾经是著名的人物或者无名人士。① 沃霍尔认为，他的作品的实质其实是对死者的单纯的回忆，除此之外，没有任何别的内涵。

1962年，沃霍尔创作了一件作品，题为《自杀》。在作品中，他仅突出一幅画面：一个妇女从窗户往下跳。1963年，他创作另一件名为《自杀》的作品。这一次，他使用类似的相片：一个女孩从高层建筑的窗户往下跳。沃霍尔通过他的作品，呼唤我们想起这些无名人士。对死者的追忆说明了艺术家尊重和珍爱每一个人的生命，因为对于他来说，生活本身具有非凡的意义，生活影响他，并使他感动。在他身边，生活着有名的和无名的人们，每天都发生一些事件、社会和政治问题。他本人没有任何对抗或者反抗社会、政治和国家的思想。相反，他热爱美国、美国生活和同时代的画家，因为正是在这个社会中，人们才能做自己想做的事情。对于沃霍尔来说，所有人，而不仅是那些特殊

---

① Klaus Honnef. Andy Warhol 1928-1987, de l'art comme commerce[M]. Cologne：Taschen, 1988：62-63.

的人物，都能影响他的思想。①

也许正因为对日常生活有真挚的感情，沃霍尔才向观众展示日常物品。重复使用日常物品的图像、死者的自杀过程的图像、活着的人的图像、有名和无名的人物的图像，这样可以吸引观众的注意，强调这些人们的存在的重要性，从而强调该艺术作品存在和艺术家自身的存在的重要性。因为艺术家也是社会中的一员，不管是出名的还是无名的。

沃霍尔的作品中通常有两种类型的重复。第一种，在一张作品中重复使用同一图像，比如，《可口可乐》。这类作品也许可以暗示一种社会现象：各地人们在消费着同一产品。重复的图像意味着消费的重复性与普遍存在性。第二种，使用同一图像制作多件作品，每一件作品的处理方式不同。例如色彩处理不同，有些采用红色调，有些则使用绿色调，例如《电刑椅》。这样的处理方法，可以意指人们面对特定的事件所产生的感受、观点、态度和反应的多样性。

如果以上这两种可能性存在，那么沃霍尔则在原作品的基础上以艺术作品的形式做了二次广告。在某种情况下，二次广告可以被当做消费社会的再现，包括产品消费和信息消费。这就提出一个问题：电刑椅是不是一件消费产品？

当然，沃霍尔制作大量的艺术作品的动机是成名，是赚很多钱。虽然他曾经说过，他不担心钱，也不担心生活。但是说这一句话的时候，他已经成名并且赚了许多钱。笔者认为，沃霍尔做双重广告，不仅是为了强调相关事件的重要性，也是为了以重复的方式赚取更多利益，包括物质利益和精神利益。

沃霍尔有时被称为艺术明星，有人说他是一部以重复的方式制造广告的机器。艺术理论家特里·德·德芙（Therry de Duve）的分析可以证实这一点。他把博伊斯和沃霍尔这两位朋友的艺术特点区别开来，这些分析可概括成一个信息对比表，如表9-1所示：

表9-1 博伊斯与安迪·沃霍尔的艺术特点对比

约瑟夫·博伊斯	安迪·沃霍尔
英雄	明星
活力论者与民粹主义	柔美与幽默（媒体）
人间喜剧式的戏剧审美	好莱坞式的假象审美
追溯神话的起源与历史的目的	追求永恒回顾的虚拟与史后稳定的状态
超越资本主义	资本主义是本质
资本家融入无产阶级里	工人出身的移民是一部机器
把艺术实例化为一种意愿，这是一种生产原则	把艺术实例化为一种欲望，这是一种消费原则
相信原创性	不相信原创性
艺术是一件作品	艺术是一种商业

---

① Hector Obalk. Andy Warhol n'est pas un grand artiste[M]. Paris：Flammarion，2001：185.

博伊斯想走出资本主义的生活圈子，加入无产阶级的队伍中，这是为了增加人的劳动量。而沃霍尔想逃离工人阶级，走进资本主义的队伍中，这是为了在机器无限重复制造的社会劳动条件下减少人的劳动量。根据马克思的观点，机器是工业化的出发点，也是商业和消费的出发点。沃霍尔选择做一部机器，即选择了工业化，这是艺术工业化，他甚至也把自己商品化了，所以他本人已经工业化了。他的艺术行为和思想影响了后来的艺术与设计发展，艺术与设计工业化的趋势越来越明显。既然沃霍尔非常关注社会上所发生的事件，关注存在于他的周围世界的事物，再现了一个消费社会。也就是说，他关注人文主义。因此，像博伊斯的艺术一样，沃霍尔的艺术也是一种人文主义艺术。

第三节　限制与存在

一、艺术家执行的限制

从 1961 年起，德国设计师、艺术家、建筑师，史蒂芬·韦沃卡开始使用椅子来制作艺术作品，并在这类作品中运用限制这个概念。他于 1964 年创作了一件作品，题为《角落椅子》（德：Eckstuhl）。通过这件作品，艺术家展示人类以各种各样的方式来限制椅子的"自由"（见图 9-5）。韦沃卡以椅子为材料热情地创作了许多艺术作品，其中以装置作品为主。这些艺术观念属于恋物主义还是人文主义？或者同时牵涉两个"主义"？不管如何，有一点是肯定的，艺术家确实想通过他的艺术行为来说明一些关于人类社会的事态。《角落椅子》可能给我们留下 3 种印象。

第一种印象，墙角如此尖锐，椅子似乎被切成两半。如果椅子也和人体一样有痛感，那么被插入或者被切开的暴力行为也能让椅子感到"伤痛"。墙壁和柱子是建筑物的支撑物，椅子被插入墙壁里这一事实暗示某一种反抗行为，是人类对支撑物的反抗，这个支撑物是什么？不同的社会与政治环境里，该支撑物则意指不同的事物，可能是某个组织，也有可能是一个国家及其政权，或者可能指向某场革命的组织者。如果椅子被切成两半，它就不在具有原来的使用功能，既然无用，它可能被当成废物扔掉，或者被用作燃料。

图 9-5　史蒂芬·韦沃卡，角椅，1964

第二种印象，椅子似乎要消失在墙

壁里。这种消失揭露了椅子的"无辜"与人的"霸权"。因为椅子只是一件实用的物品，没有任何能力，也没有任何入侵的野心。艺术家似乎想通过表现椅子身份的消失来暗示人的身份消失在某种特定的环境里。

第三种印象，艺术家想隐藏椅子的座位。这种情况可以提出两个假设，第一个，否定椅子的功能，或者否定椅子的存在理由；第二个，如果不是否定其功能性，则是对使用的限制。不管是哪种可能，都与椅子的功能有关。艺术家创作这件作品，应该不是为了表现椅子的功能问题，很有可能暗示对人的功能或者能力的否定与限制，致使他（她）没有存在的理由。

自1961年起，韦沃卡围绕着"限制"这个概念创作了一些艺术作品。例如他于1970年创作的作品，题为《教室里的椅子》（见图9-6）。在教室里，所有学生椅都成"病态"，失去了一般的使用功能。既然椅子没有使用功能，学生则无法使用它。既然限制了学生使用椅子，也就限制了学生进入教室学习的自由和权力。面对这种特殊的境况，我们会有怎样的感受？

图9-6　韦沃卡，教室里的椅子，1970

在限制座位方面，韦沃卡使用了几种不同的创作方法。比如，他把一把椅子劈成三个部分，把中间部分扔弃，然后重组剩下的两部分。采用这种方法的目的是减少座位的面积，导致其无法正常支撑人体，失去其原有的坐的功能。有时，韦沃卡也把座位表面劈开，然后重组，座位呈下陷的"V"形。由于座位过于下陷，导致其失去正常的使用功能。除了劈、重组，他还把变形的"不正常"的坐具安装到墙上或者插入墙体内。把椅子融入墙体不仅提出限制使用问题，也向绘画艺术提出了挑战。因为绘画作品一般被挂在墙上，让观众欣赏。而现在一把"不正常"的椅子取代了绘画作品。这种挑战具有革命性质。

上文介绍了物品的功能（能力）转变过程，这种功能牵涉到座位的能力和使用的可能性。从人的角度来审视问题，这里的功能消失直接提出人的权力和政权的消失问题。也就是说，一个不再能够独立站起来的无能的人，他（她）就失去某种相关的能力和权力。我们尝试用图9-7来说明能力的转变过程：

```
强大 puissant →   艺术家的行动（反应）(re)action    无能 impuissant
能够 capable →_____不能够 incapable
可能 possible →_____不可能 impossible
```

图9-7　能力转变的过程

正是为了提出和审问有关人的能力和权力问题，韦沃卡才使用椅子这个媒介来创作一系列的作品。根据同样的艺术创作原则，艺术家创作了一件作品，此作品就体现了椅子的"脆弱"。

二、椅子的脆弱性

1966年，韦沃卡创作了一件作品，题为《聚硫橡胶椅》（*Gummistuhl*），它由7张"无能的""残疾的""软弱的"椅子构成。7把椅子均跌倒在墙角，首先体现了椅子的无能与脆弱性。由于椅子与人的密切关系，作品自然让观众想起人类自己的无能与脆弱性（见图9-8）。

图9-8　史蒂芬·韦沃卡，聚硫橡胶椅，1966—1984

一般来说，一把椅子应该是坚固的，以满足具备基本使用功能。人类有对比的天性与习惯，一般来说，人类会做同类对比和反向对比。因此，在艺术世界里，如果艺术家展现了一把椅子的脆弱性，这种脆弱性将直接让人想起人的脆弱性，或者想起其对立面——坚固性。韦沃卡采用软弱的反抗方式,因为人类倾向保护弱者,软弱性容易让人产生同情感。韦沃卡想通过体现脆弱性来唤醒观众,引导观众推理,找到导致脆弱的因素,找到问题所在,这样的表现方式感染力很强。这种表现手法在戏剧表演里经常得到运用。毫无疑问,韦沃卡的"无能的"椅子发起了"某种形式的起义"[①]。在他的作品中,正常的"坚固性"和非正常的"脆弱性"之间存在一定的联系,我们尝试用图9-9来表示这种逻辑联系。

```
坚固性 →      艺术家的行为(反应)(re) action      脆弱性
正常性 normality →                    abnormality 非正常性
```

图 9-9　从坚固性到脆弱性

艺术家通过自己独特的个性化的行动,展示了人在这样或者那样的社会条件下以这样或者那样的方式生存。总而言之,韦沃卡从存在主义的角度提出问题,他的"不正常的椅子"是这些问题的"发言人"。

三、人的自我意识

马塞尔·杜尚已经运用物体的存在意识这一艺术概念呈现在他的当代艺术作品《单车轮》中。我们甚至可以说,所有现成品艺术作品都属于杜尚主义。虽然韦沃卡没有直接运用现成品,而是制造、转化和重组坐具,但是他并没有避开杜尚所铺开的艺术道路。韦沃卡那些被限制的椅子可能反映了人类的自由、责任、斗争、威胁、蔑视、死亡。韦沃卡的观念完全属于人文主义。

关于艺术中的抗争意识,我们有必要回顾保罗·毕加索的作品,他曾经在艺术作品中表现了他对战争的反思。德国空军于1937年4月26日对西班牙北部格尔尼卡镇进行了惨无人道的轰炸,3个小时的轰炸使得该镇变成平地。事件发生后毕加索受西班牙政府的委托以该事件为主题创作一幅作品,于是毕加索创作了一幅绘画作品,题为《格尔尼卡》(*Guernica*)。毕加索通过表现惊恐的人们来质问战争的理由,追问人文主义。但是这样的人文追问并没有带来和平。这场灾难之后,紧接着便是另一场更具杀伤力的战争:1939年爆发的第二次世界大战。

1964年,"二战"后近20年时间,韦沃卡用这种艺术语言创作了一系列椅子作品。他的作品总是能让人提出许多问题。例如,战争带来严重后果,诸如社会的不稳定性、人们的担心、人们生活的不确定性、人的道德等问题。韦沃卡通过这些特殊的"椅子"提出了人的存在的意识问题。

---

① Alin Avila. Design No Design[M]. Paris:Area revue(s), N 15 automne/hiver, 2007:128.

四、韦沃卡对艺术的影响

除了存在与限制两个艺术概念，韦沃卡采用变形的椅子、插入墙体或者挂起的椅子作为思想传达的媒介，向传统艺术发起了革命。他的作品，诸如绘画、壁画、浮雕、挂毯等，都传达了他的艺术理念。

虽然目前我们还没有找到文字证据证明他的艺术观念影响了在法国学习的中国艺术家陈箴，也没有找到证据证明他影响了在美国学习的中国设计师、艺术家艾未未，但是，我们从三者的作品中发现了创作方法与艺术观念上的相似性。

韦沃卡从20世纪60年代开始探讨的艺术概念是概念艺术的萌芽，后者于20世纪60年代中期正式发展起来。我们即将谈论其中一位概念艺术奠基人，美国艺术家约瑟夫·科索斯，他以另一种方式在他的作品中演绎存在主义。

第四节 存在的自由

一、椅子的多种存在形式

作为一个自由的个体，我们拥有以自己认为好的方式生存的自由。美国艺术家约瑟夫·科索斯用他的概念艺术来阐释这种自由。他早期在巴黎的克利夫兰艺术学院（Cleveland Art Institute）学习，并在欧洲旅行，于1963—1964到过柏林。之后从1965—1967年在美国纽约视觉艺术学校（School of Visual Arts）学习。1965年，在他20岁之际创作了一件作品，题为《一把和三把椅子》（*One and Three Chairs*）。与杜尚和韦沃卡的艺术观念相比，科索斯的表现方式和艺术观念有很大差异（见图9-10）。

图 9-10 约瑟夫·科索斯，一把和三把椅子，1965

这件作品由 3 个元素构成,第一个元素是一把实体椅子。第二个元素是第一个元素的派生物:这张实体椅子的图片。第三个元素是一个文本,解释椅子的定义,包括椅子的实用功能和权力功能。以下是该文本的原文(文本所采用的语种根据展示地的官方语言而定):

> 椅子(椅子),名词,[主席,拉丁:Cathedra:见(教堂)]一个有靠背的座位,通常配有扶手,通常是一个人的座位;办公室或权威的座位;或办公室本身;占据座位或办公室的人,尤指会议的主席;轿子;躺椅,金属块或离合器以支撑和固定铁路中的轨道。
>
> Chair(châr), n. (OF. Chaire, L. Cathedra: see cathedra.) A seat with a back, and often arms, usually for one person; a seat of office or authority, or the office itself; the person occupying the seat or office, esp. The chairman of a meeting; a sedan-chair; a chaise, a metal block or clutch to support and secure a rail in a railroad.

科索斯作品里的椅子不再是一把普通的椅子等着人来坐。笔者认为,这件作品可能包含 3 层含义。第一层涉及椅子的概念问题。第二层涉及椅子的存在意识和存在形式等问题。第三层意义是第二意义的提升,即,由椅子的存在问题转化到人的存在问题。而这 3 层含义都在同一个逻辑空间里互相依附,共同存在,缺一不可。

二、逻辑空间

与纽曼一样,科索斯同意维特根斯坦的观点,后者认为语言是哲学的本质,传统哲学应该被颠覆。① 那么科索斯将要颠覆什么?

科索斯在同一个地点同时展示这些有内在联系的元素,笔者认为他想尝试用概念化了的元素建立一个双重逻辑空间。

第一层逻辑,"椅子"这个名称与椅子有直接联系的因素所构成的意义之间的逻辑。

在科索斯的作品里,"椅子"这个名称意指放置在墙壁前面的椅子实体。反过来,这把椅子实体是"椅子"这个名称的意义。

维特根斯坦说:"为了再现现实,图像(相片)与现实的共同之处便是它的再现形式。"②科索斯的椅子图像与椅子实体的共同之处是它们的再现形式是一致的,因此,这张图像可以再现椅子的实体。维特根斯坦说:"当我们想象命题构成空间物体(如桌子、椅子、书籍)而不是书写符号时,命题的本质变得非常清晰。"③根据他的观点,构成科

---

① [美]罗伊·T. 马修斯,德维特·普拉特. 西方人文读本[M]. 卢明华,计秋枫,郑安光,译. 上海:东方出版社,2007:638.

② [美]罗伊·T. 马修斯,德维特·普拉特. 西方人文读本[M]. 卢明华,计秋枫,郑安光,译. 上海:东方出版社,2007:41.

③ [美]罗伊·T. 马修斯,德维特·普拉特. 西方人文读本[M]. 卢明华,计秋枫,郑安光,译. 上海:东方出版社,2007:47.

索斯的作品的 3 种元素协同构成一个命题符号,这个符号是一种事态,这是构成整个世界的所有事态之一。

第二层逻辑,作品名称和作品整体所构成的意义之间的逻辑。

维特根斯坦说:"名称解释对象。对象是名称的意义。"① "一把和三把椅子"这个名称被作品实体解释了,而作品由一把椅子实体构成,而这个实体又由另外两个存在形式解释,即文本和图像。这三种构成元素是"一把和三把椅子"这个名称的意义。

然而,如果名称可以解释对象,那么对象可以反过来解释(再现)名称吗?为此,科索斯在墙上展示了一个文本,以解释椅子实体的形式,进而解释其物质性与非物质性功能。

既然作品的题目《一把和三把椅子》已经说明一把椅子可以派生成三把椅子,这说明该作品并不是传统意义上的艺术,因为艺术家不仅关注色彩关系、透视关系、构图关系,他还关注作品构成元素的概念,以及各个构成元素之间的逻辑关系。对于科索斯来说,日常用品完全可以概念化,因此,由概念化了的日常物品所构成的艺术作品自然是概念化艺术作品。

三、概念化肖像

打印出来的文本被贴在墙壁上,应该可以当做椅子实体的肖像。这种肖像与传统的图像式肖像不同,它是文字肖像,是概念化了的肖像。椅子实体、图像和文本,三种元素都有自己特殊的语言,包括物质语言、视觉语言和词汇语言。但是三者都再现了同一把椅子。这个图像式再现形式和词汇式再现形式都在尝试证明椅子的存在的真实性。艺术家科索斯的观念之所以具有创新性,是因为他使用一种新的方式来表现作品的本质内涵。这意味着,在科索斯的时代,艺术观念已经改变。

科索斯说:"艺术表现中最重要的是观念,而不是形式,因为形式仅是一个解释观念的工具。"② "形式主义限制了许多艺术的可能性"③,"艺术的本质不是作品的审美价值"④。与韦沃卡相比,科索斯的这些观点以及他的作品让我们看到了更加宽广的艺术自由。科索斯的作品的新观念所挑战的正是艺术表现的自由问题。从此,艺术形式不再受到传统观念的限制,它将越来越多样化。

不管从视觉角度来看,还是从心理角度来看,或者从人类生活习惯的角度来看,也许我们的目光首先看到放置在墙壁前面的实体椅子,然后再看到贴在墙上的图像式椅子,最后再看到词汇式椅子。我们习惯从现实转到虚拟。也许这件作品暗示了概念艺术

---

① [英]路德维希·维特根斯坦. 逻辑哲学论[M]. 王平复,译. 北京:中国社会科学出版社,2009:47.
② [美]Alexander Brandt. 新艺术经典:世界当代艺术的创意与体现[M]. 吴宝康,译. 上海:上海文艺出版社,2011:235.
③ [美]Alexander Brandt. 新艺术经典:世界当代艺术的创意与体现[M]. 吴宝康,译. 上海:上海文艺出版社,2011:234.
④ [美]Alexander Brandt. 新艺术经典:世界当代艺术的创意与体现[M]. 吴宝康,译. 上海:上海文艺出版社,2011:234.

的历史演变过程：雕塑—图像—概念艺术。对于科索斯来说，艺术作品的本质不是对人体感觉器官的刺激，也不是相对形式的模式，而是艺术家想为观众建立的设计。①

创作了《一把和三把椅子》之后，科索斯还创作了另一个装置作品，即1965年创作的《一盏和三盏灯》和《一把和三把铁铲》，其创作方法和概念都同前者相似。《一把和三把铁铲》是向杜尚致敬，因为后者曾经创作《雪铲》。从表面上看，科索斯似乎对数字"3"特别感兴趣：1件客观实体被演绎成3种不同的形式，每一件作品均由3种元素构成，1种艺术观念创作出3件艺术作品。

四、个人存在的意识

科索斯的创作是在论证和演绎他的艺术观念：存在主义。如果一件作品的力量不足以演绎科索斯的艺术观念，那么用3件作品来论证和演绎则更加有说服力。这是不是科索斯围绕着数字"3"来做文章的原因之一呢？

关于人的自我存在问题，让·保罗·萨特说："意识是存在物的已经被提示的揭示，在存在体的基础上，存在物在意识面前进行比较。"②这个观点与科索斯的观点完全一致。首先，人类对于椅子这个存在物的意识是怎样的？是什么揭示这个意识？在这方面，科索斯展示了两种不同的元素：与实体相关的图像和文本。在视觉上，图像揭示了椅子的存在形式；在语言和思维上，文本解释了椅子的定义。然后，作为存在物的物质椅子自我展现在自身意识前面，即，自我展示在图像和文本面前。

关于存在的意义，萨特说："然而，意识总是可以超越存在，不是向着它的存在体，而是向着它的存在意义。"③我们跟随着萨特和科索斯的思想观念来思考，科索斯意识到椅子的存在，并超越存在（椅子），看到存在的意义。我们来用萨特的一句话做一个小结："存在体在自我揭示其意识的时候，它的意义是存在的现象。"④科索斯的3件作品均由3个因素构成：物品、图像和文本，它们均表现了坐具存在的现象。

如果艺术家停留在他（她）自己的宇宙里，没有意识到周围物品（对象）的存在，其艺术观念的意义将有所减弱。在艺术创作中，我们有必要意识到人的存在，有必要追问人文主义思想，这样做的目的是使作品具有更广泛的内涵。具体来说，我们要关注人的存在方式和存在自由等问题。在科索斯的作品中，椅子完全有存在的自由，它可以以这样或者那样的方式存在。家具的存在的真实性被融入艺术作品中，这可以让我们想到所有人类的存在的真实性。因此，我们可以说科索斯的作品完成了一个重要的使命：传播新艺术和新人文主义观念。

---

① [英]爱德华·路希·史密斯. 二十世纪视觉艺术[M]. 彭萍，译. 北京：中国人民大学出版社，2007：319.

② Jean-Paul Sartre. L'être et le néant, Essai d'ontologie phénoménologique[M]. Paris：Gallimard，1943：29.

③ Jean-Paul Sartre. L'être et le néant, Essai d'ontologie phénoménologique[M]. Paris：Gallimard，1943：29.

④ Jean-Paul Sartre. L'être et le néant, Essai d'ontologie phénoménologique[M]. Paris：Gallimard，1943：29.

第九章　存在的限制

在整个 20 世纪 60 年代，科索斯不是唯一一个在作品中使用和转化椅子的美国概念艺术家，这些艺术家都尝试挣脱传统的艺术表现形式的限制，通过艺术作品来追问人类存在的真实性。另一位美国当代艺术家布鲁斯·纽曼也在此道中发展。

第五节　放弃存在

在 20 世纪 60 年代，对存在和个人的自由所提出的问题在艺术领域中，及至在整个国际社会中，成为一个重要的问题论。布鲁斯·纽曼生于 1941 年，他是一位概念艺术家，提出了极简主义艺术思想。

一、椅子的出现和消失过程

1965 年，布鲁斯·纽曼创作了一件概念艺术作品，题为《我的椅子下方的空间》(*A Cast of Space under My Chair*)。在作品中，艺术家以一种新的方法使用椅子。首先，艺术家用水泥混凝土填充一把我们熟悉的普通椅子的内空间。当水泥干燥之后，艺术家把椅子抽出，即脱模。因为水泥与椅子之间粘贴在一起，而且椅子四周围的 4 条横木完全阻碍了脱模工作，往任意一方脱离，都被横条阻碍。因此，可能需要把椅子解构才能完成工作。当脱模结束，作品便完成了。展示在观众面前的不再是椅子本身，而是椅子内空间所塑造的立体形象。现在坚固的椅子已经消失了，这个形象便是它的存在的真实性的证据(见图 9-11)。

图 9-11　布鲁斯·纽曼，我的椅子下方的空间，1965

这个创作过程提出两对问题：建构和解构；存在与不存在。作品的构建也反映出传统的构建，椅子的解构也提出了对传统的解构问题。椅子实体的消失也意味着一种旧形式的消失。根据艺术家的行动与反应，所留下(存在)的是一把想象的椅子，这是椅子的新的存在形式，也是艺术的新的存在形式。纽曼说，首先一定要确切地获得雕塑方面的程式，然后放肆地把它毁掉。①

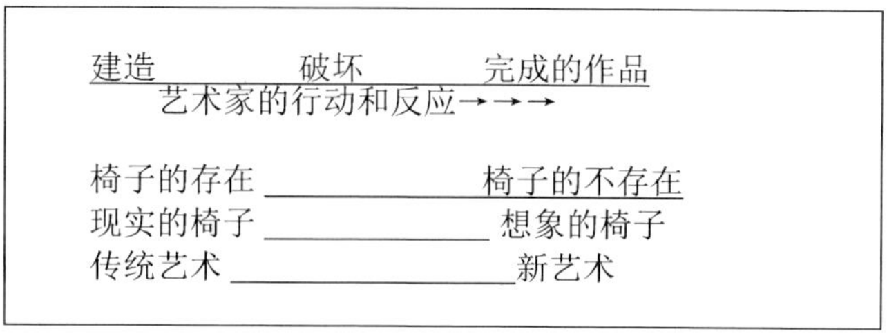

```
    建造          破坏        完成的作品
         艺术家的行动和反应→→→

    椅子的存在 _____ 椅子的不存在
    现实的椅子 _____ 想象的椅子
    传统艺术  _____ 新艺术
```

图 9-12　布鲁斯·纽曼的作品中的建造与破坏

在传统的石膏雕塑的生产过程中，人们首先制作一个雕塑模具，然后将石膏液倒入模型中等石膏液凝固后脱模，石膏雕塑即成形。然而，纽曼的制作方法却与传统方法正好相反。他用椅子来制作椅子的模具，艺术家留下的不是椅子本身，而是模具。而椅子本身将被破坏掉，以完成脱模。难道这样的反向艺术思维与美国在 20 世纪 60 年代到 70 年代流行的反主流文化有关？康斯坦斯·勒瓦伦(Constance M. Lewallen)认为纽曼的作品反对传统、反对形式，且注重的是创作过程。

在建造的过程中，椅子和模具两者都存在，在创作过程的最后阶段，椅子消失了，只留下它的模具(痕迹)。纽曼的制作过程展示了椅子的演变过程：从出现到消失，即从存在到不存在。如果我们可以使用萨特的著作名称，纽曼的作品想展示的是从"存在"到"虚无"的演变过程。

康斯坦斯·勒瓦伦在他的著作《玫瑰没有牙齿：布鲁斯·纽曼在 20 世纪 60 年代》(*A rose has no teeth*: *Bruce Nauman in the 1960s*)中说，椅子留下了一个摸得着的空间②，该作品是极简主义的完美转变，并达到了极简主义艺术的顶峰。③ 在此，我们来做一个比较。科索斯在他的作品《一把和三把椅子》中使用 3 种元素来证明椅子的存在，而纽曼仅使用椅子的部分模具，后者可以让我们想到椅子的存在历史，让我们根据现存的残留物(模具)想象椅子原本的形象。这样的观念与极简主义观念完全一致：少即是多

---

① Constance Lewallen, Anne Middleton, Wagner, Robert R. Riley, Robert Storr. A rose has no teeth：Bruce Nauman in the 1960s [M]. Berkeley：University of California Press，2007：120.

② Constance Lewallen, Anne Middleton, Wagner, Robert R. Riley, Robert Storr. A rose has no teeth：Bruce Nauman in the 1960s [M]. Berkeley：University of California Press，2007：136-139.

③ Constance Lewallen, Anne Middleton, Wagner, Robert R. Riley, Robert Storr. A rose has no teeth：Bruce Nauman in the 1960s [M]. Berkeley：University of California Press，2007：15.

(Less is More)。

椅子的悲剧性生命可以表述如图9-13所示：

图9-13 椅子的命运

为什么艺术家想回忆椅子的存在历史？也许这个问题涉及以下3个方面：

第一点，与时间和历史有关系。艺术家的劳动过程分为两阶段：建造和破坏，而这项劳动需要一天或者几天时间。在劳动之后，我们仅看到劳动所留下的历史痕迹。后者成为艺术家的劳动的见证。

第二点，艺术家的劳动过程也体现了传统或者传统艺术的重要角色。正是在传统的基础上，一种新的文化形成了。换言之，虽然反传统思想确实存在，但是不可否认，传统艺术对于今天的艺术的发展和形成是不可缺少的。那么纽曼的作品是不是想暗示当代的艺术作品中总是存在历史和传统的痕迹呢？

第三点，所留下的模具为椅子守住了一个空间（位置）——下方的可触摸的空间。如果我们可以把椅子与人联系在一起，这个位置则可以是个人的位置。维特根斯坦和博伊斯都同意一个观点："空间中的位置是讨论的地点。"①在纽曼的作品中，讨论的点正是模具下方的位置。……因此，只有当艺术形式被意识到在空间中存在的时候，艺术形式才真的存在。"②所留下的位置和痕迹促使我们去想象曾经存在而现在已经不存在的形式，这便是纽曼创造的一种表现形式的新方法。

二、存在主义问题

纽曼的作品想说明这一道理：人们可以通过存在物观察到其存在的形式。

我们回顾一下维特根斯坦的哲学观点："命题是现实的图像。命题是现实的模型，这个现实可以由我们任意想象。"③在纽曼的作品中，命题应该是留在空间里的想象的椅子。如果"命题决定逻辑空间里的位置，逻辑位置的存在则由构成因素的存在有意义的命题的存在来保证"④，那么这把想象的椅子则决定了由模具的存在和模具上的痕迹的

---

① Constance Lewallen, Anne Middleton, Wagner, Robert R. Riley, Robert Storr. A rose has no teeth: Bruce Nauman in the 1960s [M]. Berkeley: University of California Press, 2007: 139.

② Carlos Basualdo. Bruce Nauman: topological garden: installation views [M]. Philadelphia: Philadelphia Museum of Art, 2010: 73.

③ [英]路德维希·维特根斯坦. 逻辑哲学论[M]. 王平复, 译. 北京：中国社会科学出版社, 2009: 63.

④ [英]路德维希·维特根斯坦. 逻辑哲学论[M]. 王平复, 译. 北京：中国社会科学出版社, 2009: 63.

存在来保证。

在《哲学研究》一书中,维特根斯坦对存在的幻觉与消失的幻觉进行了思考。① 他的思考过程是这样的,我们首先假设那里有一把椅子,然后我们去坐,但是它不在我的视线里。因此,这不是一把椅子,而是某种幻觉。过了一会儿,我再次看到它,并且能够触摸到它。因此,椅子原来在那里,它的消失仅是某种幻想。我们回到纽曼的作品,真的椅子在劳动的开端真实地存在,椅子被抽离水泥混凝土模块后就消失了,作品完成了。似乎完成的作品想呈现双重幻想:存的幻觉和消失的幻觉。

纽曼的作品也对存在与本质的关系提出了看法,在纽曼的作品中,存在先于本质,因为物质椅子首先存在,由模具塑造出来的雕塑决定并让人想象物质椅子的形式。所留下的是想象的存在模式,因此是空的、虚的。正是在这个"空"里,我们被提示去思考物质椅子的本质问题,也就是普遍存在的本质问题。我们可以直接引用萨特的话到这个讨论里,虽然他没有直接谈论椅子。他说:"这意味着人类首先存在,互相来往,在世界上露面,然后人类才自我定义。"②即,人类先存在,然后才思考关于人是什么、为什么来到这个世界上、要往哪里发展等一系列关于人的本质的探讨性的问题。在纽曼的作品中,从物体的本体论出发,所留下的雕塑(模具)是先前存在的物质椅子的定义。

纽曼的思想不仅说明存在与本质的关系问题,也说明了"人正是他(她)自己所塑造的"③,"人对他(她)的存在负责"④。

存在问题也体现在纽曼的行为艺术作品中,例如1966年创作的题为《未能在工作室中漂浮》(Failing to levitate in the studio)的作品。维特根斯坦说:"哲学的目的是使思想清晰化。哲学不是一种理论,而是一种活动。"⑤既然哲学是一种"活动",那么艺术"活动"本身是否应该与哲学有关?画画、创作雕塑、行为艺术、拍影像作品都是思考的途径。即使一个简单的手势也可以提出哲学问题。在纽曼的行为艺术影像中,艺术家使用两把椅子,其中一把支撑艺术家的头部,另一把支撑脚部。艺术家想在工作室中飘浮起来,然而他失败了。在现实在,因为地心的引力,如果不借助有效的飘浮物,没有人可以在空气中自由飘浮。而椅子本身因地心的引力,无法成为有效的飘浮物,即使有椅子的支撑,人体也无法飘浮起来。当然,纽曼并不是通过他的作品来体现物理规律,而是想体现他内心的斗争(见图9-14)。

---

① [英]路德维希·维特根斯坦. 逻辑哲学论[M]. 王平复,译. 北京:中国社会科学出版社,2009:38.
② Jean-Paul Sartre. L'existencialisme est un humanisme[M]. Paris:Gallimard, 1996:29.
③ Jean-Paul Sartre. L'existencialisme est un humanisme[M]. Paris:Gallimard, 1996:29.
④ Jean-Paul Sartre. L'existencialisme est un humanisme[M]. Paris:Gallimard, 1996:31.
⑤ [英]路德维希·维特根斯坦. 逻辑哲学论[M]. 王平复,译. 北京:中国社会科学出版社,2009:77.

第九章 存在的限制

图 9-14 布鲁斯·纽曼，未能在工作室中漂浮，1966

这个行为艺术的过程体现了艺术家的心理演变的过程。首先，艺术家充满期待地飘浮起来，然后因地心引力规律失败了，艺术家感觉很失望，真实的愿望成为虚无，有成为无，有价值成为无价值，存在成为死亡。

希望→→→艺术家的行为体验（证明）→→→虚无

图 9-15 从希望到虚无

以上心理演变过程可能也反映出人对思想的不确定性的思考，包括存在理由的不确定、存在方式的不确定性、个人存在的真实性的不确定性等。这种不确定性可以转化成为某种顾虑，并进而可能反映 20 世纪 60 年代国际政治、经济和社会的不稳定性（我们在上文中已经提到这个时代的社会问题）。①

顾虑演变成为行动，而不是非行动。在这方面，萨特说：

---

① ［美］罗伊·T. 马修斯，德维特·普拉特. 西方人文读本［M］. 卢明华，计秋枫，郑安光，等，译. 北京：东方出版社，2007：663.

"在人自己所做的决定中,不能没有某种顾虑。所有专家都有这种顾虑,然而这并不影响他们行动;相反,这是他们行动的前提条件。因为这些顾虑意味着他们开始面对多种可能性,也意味着他们必须从中选择其中一种可能性。他们意识到只有做了选择,这种可能性才有价值。"[1]

换言之,顾虑先于行动,人的顾虑是行动的前提条件。人的行动反过来表明他的个人思考。这种思考具有艺术价值,可以融入艺术作品中,转而激发观众进行思考。

从杜尚的《单车轮》到科索斯的《一把和三把椅子》,再到韦沃卡的《墙角的椅子》和纽曼的《我的椅子下方的空间》,最后到韦沃卡的《聚硫橡胶椅》。以上这4位艺术家都使用椅子来制作艺术作品,而且这些椅子的形式都是我们所熟悉的。以下所谈论的椅子,其形式则较罕见。

第六节 功能的转化与存在

奥利维尔·莫尔吉是法国设计师,他曾经在布尔学院(Ecole Boulle)学习,然后到巴黎高等装饰艺术学院(Ecole nationale supérieure des arts décoratifs de Paris)学习。之后成为布雷斯特市高等艺术学院(Ecole supérieure d'arts de Brest)的教授,在那里工作到2012年。从1966年起,他开始为雷诺(Renault)、普里修尼克(Prisunic)和国立家具公司(le Mobilier national)设计家具。在1965—1968年间,他设计的Djinn系列家具出现在斯坦利·库布里克的电影《2001:太空漫游》(1968)里。莫尔吉设计的家具具有创新性,主要表现在艺术感方面。尽管艺术性很强,实用性依然是他的家具产品的主要存在特征。此外,他制作了几件倾向艺术范畴的作品,下面我们谈谈其中一件作品。

1968年,他创作了一件作品,题为《小推车》(Caddie)。他改装了一把商场购物小推车,把车篮变成平坦的座位,从而提出两个问题。一方面,这是一辆没有篮子的小推车,失去了原来的使用功能,人们无法使用它在商场里购物和放置物品。另一方面,这是一把既不舒适也不稳定的"椅子",因为它由坚硬的金属构成;轮子没有制动装置,随时会溜走,所以没有稳

图9-16 奥利维尔·莫尔吉,小推车,1968

---

[1] Jean-Paul Sartre. L'existencialisme est un humanisme[M]. Paris: Gallimard, 1996: 36-37.

定性。它的功能受到限制,改装后的"小推车"既不是小推车,也不是椅子,它是此两者之假象。

莫尔吉的创作方法是通过转化物品的形式来转化物品的功能,从而转化物品的本质特征。这种方法提出了一个转化问题:从实用的小推车到艺术性的"小推车",即从设计层面转化到艺术层面。首先,在设计方面,到底什么是设计?除了原创的设计之外,转化一个使用过的物品是否属于设计范畴?其次,转化具有两种优势,一是节约资料,二是保护环境。那么回收再加工是否属于设计范畴?

莫尔吉的创作从"正常的"物品开始,以"不正常"的物品来结束(相对于原先正常的物品来说)。艺术家转化一件物品的形式,让它变成另外一种物品。当作品完成的时候,旧的功能不复存在,新的功能产生了,这种功能可能是实用功能,也可能是艺术功能。图 9-17 说明了莫尔吉的转化理论。

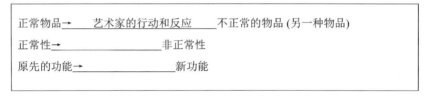

图 9-17　莫尔吉的创作过程

当莫尔吉把一个物品转化成另一个物品时,这个转化过程体现了从一个存在到另一个存在的转化过程。第一个物品已经是一个存在的物,转化之后的物品是一个新的存在物。因此,莫尔吉所倡导的艺术观念也暗示了从一个存在转化成另一个存在的演变过程。第二个存在物没有远离第一个存在物,因为在第二个存在物的形式里,我们依然可以看到或者想到第一个存在物的形式。这两个存在物在逻辑上和思维上是互相依存、互相联系的。它们之间的关系是双向关系。艺术家通过该作品,把两个在不同时空里存在的物品联系起来,让它们进行"对话",建立对立与联系的双重逻辑关系。不管是在艺术领域里,还是在设计领域里,这些都是一个重要的有创新意义的创作方法和思维方法,之后的设计师和艺术家受此影响,并创作出似曾相识的作品。

第七节　被悬挂起来的椅子

在艺术语言里,把一个特别的物品悬挂起来属于某种限制性行为。但是这个寓意深远的限制并不是艺术家自己而是社会挑起来的。艺术家把代表人的某种权力的椅子挂起来,意味着"吊销"了某人的权力。也许这类作品是在质问人权问题。

一、社会限制在作品中的演绎

纽曼的作品《南美三角形》创作于 1981 年,在该作品中,椅子被倒置悬挂在空中,且被限制在一个悬挂起来的金属三脚架内。当作品安置好,艺术家用手推动椅子,椅便不停地摆动，与三边的金属碰撞，发出刺耳难听的声音，这样的声音可能让人的心理产生一种痛苦。我们可想象，如果椅子越想超越金属三角形的限制，则它的撞击越猛烈，受到的打击越大，对自身的伤害越大，发出的声音越难听，观者感觉越痛苦。因此，为了不受伤、不痛苦，椅子最好是静止不动，"接受"限制。然而，已经开始摆动的椅子因惯性无法停下来。所以，它只能接受这样的痛苦和折磨。这是一个荒谬的逻辑，让人痛苦不堪。

图9-18　布鲁斯·纽曼，南美三角形，1981

纽曼的这件作品根据阿根廷记者的故事而作，再现了严肃的悲惨的生活条件和当时世人所不知的折磨和暴力[1]，其主旨是质问"人的自由"[2]问题。这位记者名叫雅各布·提莫曼（Jacobo Timerman），他于1981年出版了一本书，题为《无名犯人，无号监狱》（西：*Prisonero sin nombre, celda sin número*）。书中，他叙述了他痛苦的和无人道的经历。他当时被一名劫持者命令坐在一把椅子上，被命令做出一些非常庸俗的行为，他完全失去了尊严。[3]

拉丁美洲的暴力行为如此极端，促使纽曼不敢正视他自己的作品《南美三角形》中

---

[1] Carlos Basualdo. Bruce Nauman：topological garden：installation views [M]. Philadelphia：Philadelphia Museum of Art，2010：78-79.

[2] Christine Van Assche；Jean-Charles Masséra. Nauman Bruce：image-texte，1966-1996[M]. Paris：Centre Pompidou，1997：112.

[3] Bruce Nauman. Shit in your hat-Head on a chair[DB/OL]. [2015-10-12]. https://dome.mit.edu/handle/1721.3/5878.

的每一件物品。他对当事人的生活条件非常担心。① 椅子可以成为当事人的象征，它被限制住，无法自由行动，被单独控制在一个角落里。② 椅子(当事人)被倒置过来，同时被限制，并且还经受拷打(撞击)。最后它(他)伤痕累累，筋疲力尽，失去了自由，也失去一切权力。它(受害人)等待着自由的到来。

在这一件作品中，纽曼采用了倒置、悬挂、限制、控制等方式来处理椅子，这是一种新的表现方法，与他在1980年所使用的方法不同。新的创作方法可以让观众对当代艺术有一个新的理解。这种艺术观念的转变推动了一场艺术革命，改变了观众对艺术的定义和艺术家这个角色的看法。当代艺术家不再闲坐在社会的边沿，做自己喜欢的艺术，而是社会的观察者，不断发现社会问题、提出批评，号召观众来关注人的存在问题，用特殊的方式推动社会向良好的方向发展。

二、可见的与不可见的限制

1990年，纽曼再次以提莫曼的故事为题材，创作了另一件作品《拉屎在你的帽子上，把头放在椅子上》(*Shit in your hat-Head on a chair*)。纽曼把黄色木制椅子上的坐板去掉，在座位上安装一个绿色的男子头像。头像变成绿色，意味着它被人拉屎在上面。纽曼把椅子悬挂在天花板上，这是可见的限制。在椅子后方的幕布上，正在放映影像作品，幕布上正在播放一组命令。影像中，一位女士正在跟着屏幕外的命令做相应的动作。这正是阿根廷记者雅各布·提莫曼在一次受审问过程中必须服从的命令：

"把你的帽子放在桌子上。把帽子戴在你的头上。把你的手放在你的头上，把帽子戴在你的头上。把你的手放在你的头上，把你的帽子放在你的裙子上。扔掉你的帽子(……)"

"Put your hat on the table. Put your head in the hat. Put your hand on your head with your head in your hat. Put your hand on your head, your hat on your skirt. Drop your hat(…)"③

椅子本身已经能够代表受害者，但是，对于纽曼来说，这还不足以激起观众的气愤。因此，他在椅子的座位上增加了一个受到大便污染的男子头像。这样做的目的有三点：

第一点，椅子被悬挂起来这一事实暗示一种事态，说明重要的问题已经被搁置起来，没有人处理。

---

① Carlos Basualdo(édi.). Bruce Nauman: topological garden: installation views[M]. Philadelphia: Philadelphia Museum of Art, 2010: 78.

② Christine Van Assche, Jean-Charles Masséra. Nauman Bruce: image-texte, 1966-1996 [M]. Paris: Centre Pompidou, 1997: 112.

③ Bruce Nauman. Shit in your hat-Head on a chair(Merde sur ton chapeau, tête sur une chaise), disponible sur le site: https://coleccion.caixaforum.com/en/obra//obra/ACF0496/ShitinyourHatHeadonaChair%3Bjsessionid=C15FA59A37DD851B4D0B5A074AB3B7BB, consulté en décembre 2015.

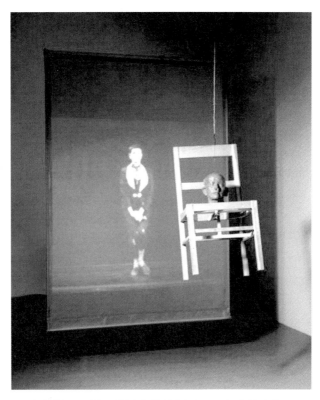

图 9-19　布鲁斯·纽曼，拉屎在你的帽子上，把头放在椅子上，1990

第二点，该作品是对事件发生现场的再现，犹如一则电视新闻，参与者包括：受害者（椅子和头像）、绑架者（声音：命令）、新闻主播（屏幕上显示的表演者）、观众（我们）。与1981年他创作的作品相比，这件作品显得更加具体，其表现力也更强，因此更具有感染力。

第三点，本来权力属于个人，而不属于椅子。但是在纽曼的作品中，椅子意味着某个人的位置；换言之，椅子是某个人的权力的象征。被悬挂起来的椅子以及受到大便污染的头像意味着某种权力已经受到另一种权力的挑战和破坏，或者某个政权已经受到另一个政权的毁灭。观众可能会提出一个问题：谁是这种社会灾难的负责人？这牵涉到道德问题还是政治问题？

三、社会的存在与艺术的存在之间的关系

纽曼通过这一件装置作品，用艺术的方式来演绎一个真实的故事，体现了一种特殊的事态。后者可以称为一种社会存在，因为事件已经存在，不然我们便不知这是一个故事。当艺术作品完成时，作品的本体便诞生了、存在了；作品是社会事态的艺术性的存在形式。

如果我们理解博伊斯的复杂过程概念，或者西尔维·科里耶的联系概念，或者米歇尔·格林（Michel Guérin）的概念——必要性是作品的本质，那么我们便可以观察纽曼的

创作过程。艺术家首先被相关事态这种社会存在所感动，于是与这种社会存在进行思维上和情感上的联系。然后，他发现有必要以一件作品来对该事态做出一定反应。在创作的过程中，艺术家确实对此事做出了自己的个性化的反应，同时表达了他自己的感情和激情。由此可知，该艺术作品是艺术家与社会存在进行联系后所发生的反应的结果。由此可知，纽曼的创作目的是把艺术存在与社会存在进行对比。

四、纽曼的贡献

自从20世纪80年代以来，部分中国艺术家，如艾未未，越来越倾向于在艺术作品中表达个人的感情、激情和态度，这种感情、激情和态度都会因社会的事态而引发。纽曼以及其他西方当代艺术家把当代艺术先锋杜尚的艺术之路拓宽了，艺术表现形式不再受到传统模式的限制。同时，艺术作品的意义也不再是衡量作品价值的唯一重要因素，作品的构成因素不再只是人所看到、所听到、所触碰到的存在，观众在现场观赏时的精神体验、身体感受、心理感受等体验经历也构成了艺术作品的一部分。总之，正如当代艺术理论学家伊莎贝尔·梅里森·鲁吉（Isabelle de Maison Rouge）所说，当代艺术不是（不想）专门为"精英"而作，它想为所有人打开大门。①

因此，这里有两点值得关注。首先，艺术之门向设计敞开。一方面，我们可以说设计进入艺术之门；另一方面，我们也可以说艺术进入设计之门。总之，艺术与设计都想进入公众的生活。我们将在下文中谈到这两个领域的融合。其次，虽然部分艺术家想否定传统，但是传统却没有被完全否定，历史主义永远存在。纽曼使用椅子来创作了不少新概念作品，但他的作品依然离不开传统，包括他自己所创造的"传统"（即他早期的创作方法和艺术观念）。使用椅子来创作已经成为他自己的传统，这种传统也感染了其他的艺术家，我们将在下文中谈到更多把椅子融入作品中的艺术家。

第八节 消费者的限制

弗兰克·施赖纳是德国艺术家-设计师，继承了奥里维尔·莫尔吉的部分艺术观念，他于1983年创作了与莫尔吉《小推车》类似的作品《消费者的休息》（*The Rest of th Consumer*）。与莫尔吉一样，他采用商场的购物小推车进行改造，但是他保留了购物篮的两侧，并把它们的上端压弯，成为相对舒适的扶手。他把篮子前侧钢网向下压弯成弧形；轮子上依然保留制动装置，保证小推车的可操作性能。施赖纳的"椅子"确实具有实用性，整体感觉比莫尔吉于1968年制作的"小推车"更加舒适。但是《小推车》对《消费者的休息》的影响是显然的，包括技术方面和艺术表达语言方面。同时，从《小推车》到《消费者的休息》，我们也看到了从1960年到1980年的技术发展（见图9-20）。

---

① Isabelle de Maison Rouge. L'art comtemporain, au-delà des idées reçues [M]. Paris: La Cavalier Bleu, 2013: 15-22.

第八节 消费者的限制

图9-20　弗兰克·施赖纳，消费者的休息，1983

然而，为什么消费者应该坐在一把没有舒适感的金属椅子上？虽然知道不舒适，但是还是选择坐在上面。也许是有些东西吸引或者限制了他们？购物车是人们消费的象征，要想消费，必须有相应的购买力。因此，购物车也象征着人们的购买力。为了生存，每个人都需要购物，每一个人都是消费者。我们不知道弗兰克·施赖纳是否想到我们所想到的。也许他仅是随意制作了这把"椅子"，也许是因为莫尔吉的《小推车》的影响使他创作了这件作品。但是从当时的社会环境来看，人们的购买力成为问题并非偶然。

在20世纪最后30年里，国际社会出现同一个问题：人口集中到城市里。这种现象导致资源不平衡，城市人口的增长使社会发展的不确定性越来越严重，人们缺少粮食。20世纪70年代新技术的开发导致生产力提高，释放了大量的人力资源，也因此提高了失业率。从20世纪80年代起，经济发展好转，生物技术发展良好，整个社会发展有所好转。美国已成为世界上最强大的国家，因而采取了一种更加自由的政治经济政策。在美国成为世界上最大的消费国的同时，贫富差距问题加剧了。其他国家毫无例外地慢慢地跟随着美国的影子发展。①经济问题出现在台面上，所有人都面对同样的问题。因此，在这样的社会背景下，我们不难理解为什么此时会出现施赖纳的《消费者的休息》这类

---

①　[美]罗伊·T. 马修斯，德维特·普拉特. 西方人文读本[M]. 卢明华，计秋枫，郑安光，译. 北京：东方出版社，2007：595.

作品。

社会危机也体现在绘画作品中。我们将在下文中谈论意大利画家恩佐·库奇及其作品。他的作品与历史主义和社会问题有关。

第九节 梵高的新椅子

为了向印象主义画家梵高致敬,意大利跨前卫主义画家恩佐·库奇于1984年创作一幅新表现主义油画作品,题为《梵高的椅子》。跨前卫艺术(意:Transavantgardia)这个股潮流于20世纪70年代末至80年代在意大利广为传播。这个名称由意大利批评家阿希尔·博尼托·奥利瓦(Achille Bonito Oliva)率先使用。然而,英国历史学家爱德华·露西·史密斯的却认为库奇的艺术行为不属于表现主义者,他认为库奇仅关注他自己的担心,更像是一个激情的模仿者。①也许史密斯的话有道理,库奇在他的绘画作品中所表达的强烈的激情在一定程度上来源于艺术史。他对艺术史抱有幻想式激情,这种激情促使他转化历史上的名作,并把历史名作变成自己的新作品。

图9-21 恩佐·库奇,梵高的椅子,油画,1984

因此,梵高所表现的激情的场景出现在库奇的画面中,但是两者表现激情的方式则不同。库奇表现的激情场面看起来像是被燃烧后或者被沙漠化了,这种现象是否与库奇的时代出现的社会问题有关?(我们在上文已经谈论过这些社会问题)他在梵高的椅子

---

① [英]爱德华·路希·史密斯. 二十世纪视觉艺术[M]. 彭萍,译. 北京:中国人民大学出版社,2007:395.

周围使用激情的笔触，用力地泼洒颜料，让它在帆布上自由地流动。似乎库奇的激情在梵高的周围舞动和欢呼，这意味着库奇在向梵高挑战吗？

库奇的作品让我们产生诸多想象和理解。如果梵高的椅子是梵高的艺术地位的象征，那么我们可以假设，库奇的艺术行为想表达的可能是对梵高的致敬。我们也可以作相反的假设，库奇的激情的色彩在质问梵高的艺术在当代的价值。也许这些粗大的笔触代表了某种限制，因为它们围住了梵高的椅子，似乎划出界限，控制了椅子的（权力）范围。这种限制也可以看成艺术强调法，因为它重要，所以画家把它圈出来，强调它的存在。

我们从库奇的作品中发现 3 种转化：把一幅作品转化成另一幅作品，把一幅作品中的元素运用在另一幅作品中，把一个人的激情转化成另一个人的激情。以上 3 种转化还可能引起第 4 种转化，即，把一个人的名气（地位）转化成另一个人的名气（地位）。库奇在表现梵高椅子的同时，还引导观众想到梵高的艺术地位和威望。他欲借助名人的效应来给自己定位，找到自己在艺术史中的地位。这样做的目的是把梵高的名气转化为自己的名气（见图 9-22）。

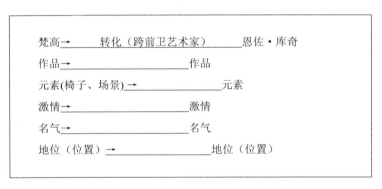

图 9-22　从梵高的作品到恩佐·库奇的作品的转化过程

然而，如果库奇没有指明这是《梵高的椅子》，观者很难自觉地把该作品与梵高的艺术联系在一起，因为画中没有任何一个元素可以让我们想到梵高及其艺术。这说明，库奇并不是抄袭梵高的艺术表现手法，他仅仅在模仿梵高的激情。我们知道美国当代画家波洛克（Jackson Pollock）早在 20 世纪 40 年代已经开始使用泼洒的方式创作大型绘画。这种表现手法在当代艺术中有不少例子，比如旅法中国画家严培明也是激情的模仿者，他也往画布上充满激情地泼洒颜料，而且他的激情比库奇的激情更为强烈。而且，库奇和严培明的绘画手法并不是完全从历史上某个画家那里模仿得来，而是在领会前人的方法的基础上，创造出属于自己的独特方法。库奇的艺术是新艺术，我们应当承认他的创造。他在激情地创造，更准确地说，他在激情地表现他的内心世界，而不是在模仿自然。因此，他的绘画艺术风格属于新表现主义（Neo-expressionism）。

"二战"后，谈论存在主义成为普遍现象，一方面表面在日常生活中，另一方面表现在艺术创作中。这两条发展主线互相影响，同时发展，从不分离。

第九章 存在的限制

经历20世纪50年代的萧条之后，60年代的艺术家受到特定的社会环境的限制和束缚，他们通过激情的艺术行为来质问人的存在的真实性。在现代主义晚期，部分艺术家通过椅子这种媒介来提出各种社会问题：博伊斯通过他的"油脂椅子"来叙述他的遇险经历，沃霍尔通过他的"电刑椅"来唤起人们对受到电刑椅处决的犯人的回忆，韦沃卡通过残缺的椅子来揭露社会问题，科索斯通过展示椅子的各种存在形式来构建一个逻辑空间，纽曼通过椅子的内在空间来论证思维与存在之间的关系。这些艺术家都强调个人存在的自由，寻找新的艺术表达方式。博伊斯说，艺术是一种自由的科学。[①] 他认为，艺术表达和存在方式不应该受到传统的束缚。在20世纪60年代，越来越多的艺术家在艺术创作中使用或者转化椅子的形式。从此，椅子在艺术作品中的意义开始得到深化发展。之后的艺术家跟随着这股发展潮流，并逐渐找到椅子的新的运用形式及其新的内涵。

20世纪60年代，国际上的政治、经济和社会的不确定性不断加剧，在整个70年代，也就是在后现代主义开始时期，国际社会重新组合，社会阶层和国际政治权力的分配都需要重新调整，尤其是中国、俄罗斯和美国。这种社会局面到20世纪80年代逐渐稳定。其中一个例子就是柏林墙在1989年倒塌。国际经济得到调整，国际主义的浪潮加速发展，人的权力和创造成果受到尊重。但是社会经济问题依然很艰巨，消费问题不断加剧。在艺术领域里，弗兰克·施赖纳、恩佐·库奇和其他艺术家遇到了职业生涯中的瓶颈期，他们在艺术史中寻找创作激情，并把这种激情以不同的方式表现在当代的社会现实中，试图在艺术史的基础上找到新的发展方向。

---

① Joseph Beuys et Volker Harlan. Qu'est-ce que l'art[M]. Paris：l'Arche, 1992：18.

第十章　椅子中的民族身份

　　民族身份问题是各个民族之间的区别，也是特色，甚至是在世界文化之林里的立足之本。民族文化和民族身份问题对于在海外留学和工作的本民族人来说，意义最为复杂和深刻。无论是日本人在国外，还是中国人在国外，任何民族的人在国外生存时都不可回避文化冲突和文化融合的问题。

　　20世纪90年代的东方出现了一股强烈的移民和留学西方的潮流，引发了一场东西方文化的碰撞与交流。东方艺术家在采用西方艺术观念的同时，也保留自己的文化根源。那么这是一场西方化运动还是国际主义化运动？作为亚洲人，能否完全抛弃自己原有的文化根基，以全盘接受西方文化？在当代艺术作品中，什么媒介可以体现民族文化和身份？

　　在本章中，我们谈论三位东方艺术家，包括：中国的陈箴、日本的川俣正和伊朗的希林·娜莎特。他们都使用椅子作为了民族文化和身份的的艺术语言符号，来体现本民族的身份、地位、经济、政治、审美、思想等精神内涵。

第一节　嫁 接 文 化

　　从20世纪90年代起，极端民族主义和恐怖主义活动不断出现，威胁着人类的安全与国际和平局势，国家的话语权变得越来越重要，自由、平等、公正和友谊等问题不断涌现，人类的存在问题越来越严峻。在这种背景下，许多艺术家使用椅子来制作艺术作品。陈箴沿着当代艺术前辈所铺设的艺术道路，如，杜尚、博伊斯、沃霍尔、韦沃卡、科索斯、纽曼，把人文主义和存在主义思想运用到他的艺术中。他的作品体现了东西方文化之间的关系。在本节中，我们首先分析那些展示中国思想和西方观念的作品，最后我们谈论文化嫁接问题。

一、圆桌上的平等权力

　　从1993年起，陈箴开始创作作品《永恒的消化》（法：*Digestion perpétuelle*）。他在作品中采用长方形中国式饭桌，并在桌子周围安装中国式椅子。这件作品的灵感来源于一个中国年轻人在巴黎的聚会晚宴。在这些年轻人中，大部分不会说中国话，因为他们是中国移民的后代，出生在法国，并在法国成长。这一件作品的目的是追问中国身份问题。①

---

①　Archivée：La Digestion Perpétuelle：une œuvre exceptionnelle de Chen-Zhen [DB/OL].[2015-09-05]. http://www.cg974.fr/culture/index.php/Expositions/Expositions-L%C3%A9on-Dierx/la-l-digestion-perpetuelle-r-une-uvre-exceptionnelle-de-chen-zhen-au-musee-leon-dierx.html.

第十章 椅子中的民族身份

它目前陈列在法国巴黎对圣-德尼大街的莱恩-迪克斯博物馆里（Musée Léon Dierx）。

1995年，陈箴创作了一件大型作品《圆桌》，桌子的直径为550厘米，高度为180厘米，重量达1111公斤（见图10-1）。作品的创作目的是纪念联合国成立50周年，最初被展示在日内瓦联合国总部，现陈列在法国巴黎蓬皮杜艺术中心（Centre Pompidou）。陈箴制作了一张大饭桌，桌子中间刻上联合国的《人权宣言》部分内容，并在桌子周围安装来自世界各地的椅子。虽然椅子的高度不同，但是它们都被平等地安置在同一水平线上（即桌面）。很明显，作品想表现的内容是世界各族人民团聚在一起讨论人权和平等问题。

图10-1　陈箴，圆桌，法国蓬皮杜艺术中心，1995

陈箴在作品中把椅子镶入桌子上，一方面体现每一把椅子的平等权力，另一方面也约束了它们。这种约束提出了一个问题：联合国面临着很难解决的国际问题。陈箴认为，当面对沟通、商讨和政权的交易问题时，联合国的解决能力是有限的。此外，被镶上桌子的椅子可能让观众产生一种错觉，感觉椅子将登上桌子，或者张嘴要把桌子吃掉。难道这意味着联合国正面临来自各国施加的压力和提出的挑战？

陈箴的作品涉及国际民主化问题。"圆桌"这个词在作品中意指人们围坐在一起沟通。桌子中间镌刻的人权宣言的内容似乎是一则广告，向观众传达一个信息：我们要讨论人权问题。这种文字广告是典型的中国式广告，中国的大街小巷都可见到宣传标语。陈箴的宣传对象是围坐在桌子周围的椅子，即，各国成员。每一个成员都应该享有自由、平等、公正和博爱等人权。陈箴的爱人徐敏说，陈箴的艺术关注世界、人的本质，以及人类与环境的关系等问题。①

关于物品的问题，陈箴说："物品就像是人类的孩子。它被生产出来，然后被消费、丢弃、回收、展示、保存、修改、拉开距离(……)物品被运用在自然、文化、经济、象征和艺术等领域里。"②此外，他还说："物品的视觉语言的简单性让人想到隐喻和意义的复杂性，并超越我们对简单而普通的物品的最初认知。这些物品的原样依然能够辨认，传递社会内涵、文化内涵，甚至传递强烈的政治内涵。"③陈箴承认椅子同时具有物质功能和非物质功能，因此，他尝试为物品创造一种命运，以便让它的历史延续，也让人类的历史得到延续。

在陈箴的作品中，人性化概念也被关注④，虽然他从未以人物的形式创作，但是他一直把物品当做人物来看待。人类所使用过的物品，如床、椅子、桌子，都与人的生活息息相关，因此作品中的日常物品容易让人联想到人类的生活。陈箴利用间接表现手法，体现了中国文化含蓄的特点。中国人对生活中使用过的物品总有特殊的感情，因为中国人尊重生活，热爱生活，所以尊重这些人类所使用的物品，因此，陈箴把物品当成人物来看待的原因便解开了。

在作品内涵的表达方式上，陈箴采用联想法、隐喻法、讽刺法。面对他的作品，人们感到平静而自然。似乎作品在娓娓道来，一点一点地说服观众，观众很情愿接受这种说理方式。中国哲学不赞成针锋相对，主张"和为贵"的思想。这一思想可以理解为："和"为"贵"，"贵"在"和"，"和"而"不同"。"圆桌"意味着"和"与"圆满"，"各式椅子"意味着"和而不同"。因此，陈箴采用圆桌的形式来招待"各国代表"，目的是让大家通过和平的方式来商讨人权问题，希望辩论圆满完成。在使用物品方面，陈箴自然受到杜尚主义的影响。杜尚于1913年便开始使用现成品来制作艺术作品，他曾经把旧单车轮安装在一把凳子上。是不是杜尚的嫁接理念促使陈箴把椅子镶在桌子上呢？

二、全球问题

从陈箴的艺术经历和关于他的文章来看，他是一位国际和平战士。他的和平理念不会停止在《圆桌》上。1997年，他开始构思新作品《面对空虚，回到充实》，不幸的是，他于2000年去世，此时这件作品还没有完成。2009年，由他的朋友自愿组成的联谊会继续完成这件作品，并送该作品参加2009年威尼斯双年展(见图10-2)。朋友们和同行们的大力支持，说明陈箴在业界和朋友圈里都表现出高尚的人格。他一直以和为贵，止于至善。

---

① Archivée: La Digestion Perpétuelle: une œuvre exceptionnelle de Chen-Zhen [DB/OL]. [2015-09-05]. http://www.cg974.fr/culture/index.php/Expositions/Expositions-L%C3%A9on-Dierx/la-l-digestion-perpetuelle-r-une-uvre-exceptionnelle-de-chen-zhen-au-musee-leon-dierx.html.
② Anne Villard, Chen Zhen. Inocation of Washing Fire [M]. Prato: Gli Ori, 2003: 108.
③ Chen Zhen, Jérôme Sans. Entre thérapie et méditation[J/OL]. [2012-07-21]. Les presses du réel/Palais de Tokyo, 2003: 159, www.chenzhen.org.
④ Chen Zhen, Jérôme Sans. Entre thérapie et méditation[J/OL]. [2012-07-21]. Les presses du réel/Palais de Tokyo, 2003: 159, www.chenzhen.org.

第十章 椅子中的民族身份

图 10-2　陈箴，面对空虚，回到充实，1997

该作品也使用来自世界五大洲不同国家的椅子，椅子被安装在地球仪的外围，其面朝外。这表明各国人们都住在同一个地球上，共同构成一个有机的整体，大家理应互相联系、互相帮助、互相理解、互相促进、共同发展。在地球仪的内部，安装了一个四方形架子，架子上铭刻联合国《人权宣言》的部分内容，采用霓虹灯来强调每一个字的形体，即使在夜里，观众也可以识别这些"人权宣言"。不管是白天还是黑夜，人权问题时刻存在，它应该时时刻刻被人们铭记在心。霓虹灯可以发光发热，表明《人权宣言》可以给各国人们带来光明，温暖每一个人的心。而且霓虹灯是大街小巷常见的广告招牌，这提示我们应该把《人权宣言》当成日常谈论的话题，体现人人自由、人人关注、人人平等。陈箴用真诚来感动他身边的朋友、同行和世界。

从虚与实这一个观念来看，陈箴没有采用实心地球仪，而是构建一个地球仪架子，让内部有空间并且可见，以便安装《人权宣言》的文字内容。透明性让观众从任意一面都可以观察到对面的椅子以及周围世界。在现实中，让世界问题透明化确实势在必行。

地球仪的结构让我们想到中国传统灯笼的结构，这个地球仪似乎是一个还没有糊上纸的灯笼框架。灯笼给人喜庆的感觉，一般在节日和重要的活动中使用。灯笼盛载着中国人民的心愿，蕴含着中国人的思想，展现了一定的神圣感，是中国文化的象征之一。陈箴在"灯笼"里展示《人权宣言》，借用中国文化来感动和说服所有来自不同民族和不同文化的人们。把《人权宣言》中心化（放在核心部分）强调了人权问题的重要性与核心性，维护人权是人类共同的使命（见图 10-3）。

图 10-3　陈箴，面对空虚，回到充实（局部）

陈箴把中国的虚实概念运用到他的艺术里，在某种程度上表明他的思想根基建立在中国哲学思想之上，因为他在中国出生和成长，中年才离开祖国到法国发展。他的个人网站展示他的艺术作品和艺术思想，这一资源成为我们重要的研究依据。他认为："在作品中不采用人体，这是一种自然的遗忘，这样艺术家可以更加自由地质问和谈论人的精神，同时还可以通过一种特别的方式体现'空'这一概念，这一间接的表现战略可以神奇地比喻某一事物。"[①]隐喻是中国文字常用的表现手法，通过某种事物来表达对另一事物的看法或者感受。例如，文学家不必直接表现人的心情，而是采用花开花落这一自然现象比喻人世间的快乐与悲伤。这是自然主义表现手法。陈箴的作品里没有人物形象，也没有人体，只有与人的生活和生命关系密切的物品。在中国绘画理论里，空即白，在画面上对"空"的规划是一门科学，牵涉到人的艺术心理学。中国画讲究"空"的位置和比例，"空"实为容纳作品内涵的空间，是可以讨论的地方。

从作品的内容来看，1995 年创作的《圆桌》和 2009 年完成的作品《面对空虚，回到充实》是姐妹篇。从处理手法来看，《圆桌》保留了更多的中国文化元素，尤其是圆形桌子及其转台。而《面对空虚，回到充实》则让人看到更多西方艺术观念的影响。比如，艺术家把所有元素都涂成银灰色，以衬托和突出核心部分的红色文字。西方艺术家从 20 世纪初开始研究材料学，在艺术作品中采用不同的材料，以产生不同的效果。采用金属材料来制作地球仪的目的可能有两个，一是让地球仪更加牢固稳重，不易被人为损坏；二是预防风和雨水的损坏，因为作品被安置在室外。

陈箴于 1997 年开始规划《面对空虚，回到充实》，与此同时，他也在制作其他作

---

① Chen Zhen, Jérôme Sans. Entre thérapie et méditation[J/OL].[2012-07-21]. Les presses du réel/Palais de Tokyo, 2003：159, www.chenzhen.org.

品，以通过作品来传播他的博爱与和平思想。从 1998 年到 2000 年，他完成了作品《人间星座》（见图 10-4）。该作品展示在法国南方蒙彼利埃市（Montpellier）。陈箴把《圆桌》和《面对空虚，回到充实》这两件作品结合了起来，主要考虑改变的因素包括材料的使用和处理手法。此次，他把大圆桌换成大鼓形式，鼓的直径有 9 米。与传统大鼓不同的是，陈箴的鼓中央不是平坦的，而是凹陷的，这样可以产生一定的宇宙空间感。而且，这种空间感觉比《面对空虚，回到充实》更加宽广。此次陈箴使用来自蒙彼利埃地区的 70 把椅子，并把它们安装在大鼓的周围。在《面对空虚，回到充实》中，陈箴把所有材料都统一涂成灰色，以强调中部的红色文字。此次，他也把所有的材料都涂成为灰色。大鼓中央的凹陷部分留空，即"留白"，整个作品的焦点也集中在这一部分。大鼓看起来也像一面凹透镜，或者像一口大锅，或者像一对大盘子。陈箴把这件作品称为"国际晚宴地球仪""象征人们的现代对话和友好的交流"。①

图 10-4　陈箴，人间星座，1998—2000

然而，作品的高、大、怪等特征确实让人感觉不太自然。当人们看到高空中倒过来的椅子时，可能会产生眩晕的感觉，感觉椅子即将掉下来，或者感觉坐在椅子上的人随时会掉下来。这种不稳定性限制了公众的感情，难道陈箴有意而为？这个大型雕塑作品看起来更像一个天外飘来的巨型物体，或者是一个大型天文仪器。

三、可敲打的椅子

1997 年，陈箴受到以色列特拉维夫艺术博物馆（Tel Aviv Museum of Art）的馆长邀请，为以色列成立 50 周年大庆创作。为此，陈箴首先到以色列考察，了解到当时的社会问题主要是西亚各国之间的问题，包括历史、地沿政治、政治、宗教、文化和经济等方面的问题。考察结束后，他创作了一件作品，题为《绝唱——各打五十大板》，该作品在特拉维夫艺术博物馆展出后得到社会的好评，之后，它来到巴黎展出，最后回到中国上海——陈箴的故乡展出。

从汉语的角度来看作品的题目，"绝唱"有两层意思，一是指最好的歌唱，二是指

---

① Chen Zhen, Jérôme Sans. Entre thérapie et méditation[J/OL]. Les presses du réel/Palais de Tokyo, 2003：159，www.chenzhen.org，2012.

最后的歌唱。而陈箴的作品包含两层含义,一是指他最好的作品,因为他在此作品中采用综合手段,具体来说,是他把装置艺术、雕塑艺术、行为艺术、舞蹈艺术、音乐艺术和宗教艺术融合在一起。二是指临终前完成并参与展览的最后一件作品。当然,陈箴可能并没有预料到第二层含义,因为他确实还有很多好的创作计划等待实现,他并不想这么快离开人世,因此,第二层含义是我们外人总结出来的。

在该作品中,陈箴使用家具作为主要元素,包括床、椅子、凳子。不同的是,家具的表面不是木制的,而是皮制的,以便在展出的过程中,让观众把家具当做锣鼓来敲打。如果说,在法国南部展出的作品《人间星座》是天外来客,其中的鼓不能敲打,那么此次的鼓具有艺术表演功能。除了观众在展览现场敲锣打鼓,艺术家还邀请黄豆豆等12位中国舞蹈演员到现场参与表演,他们在谭盾创作的音乐中围绕着这些特殊的家具造型的鼓尽情地舞蹈和敲打(见图10-6~图10-8)。

图10-5　陈箴,绝唱——各打五十大板,1998

图10-6　一位僧人正在为和平祈祷(表演活动的一部分),2006

图 10-7　观众正在敲打椅子鼓，2006

图 10-8　12 位舞蹈演员正在大床鼓前舞蹈，2006

特殊的作品构成和展览形式一方面体现了陈箴的艺术已经打破了传统艺术定义的界限，拓宽了艺术领域，把观众的参与和现场表演纳入作品的构成体系里；另一方面说明了陈箴把人的行为和反应纳入造型艺术里，让个体通过某种特定的行为来体验作品所传递的信息，因此作品的内涵因参与者的不同而不同。个体在敲打的过程中，因其经历和思想的不同而导致体验的差异性和多样性，这是作品的精彩之处。

从跨学科角度来看，这件作品横跨各种艺术学科，是典型的跨学科艺术作品，既包含设计、艺术，也包含音乐、舞蹈、表演等。从绘画艺术的角度来看，这件作品体现另一种"色彩变化"形式，我们可以说，陈箴的作品色彩层次很丰富。如果从作曲的角度来看，这是一件具有多层次的音乐作品。如果从医学角度来看，这件作品可以治疗人们因国际政治问题所带来的伤痛，是国际和平的象征。从舞蹈的角度来看，舞蹈演员为现场观众奉献了一场别开生面的舞蹈表演，与观众拉近了距离，产生了更加强烈的情感效应。

那么敲锣打鼓和手足舞蹈这类身体行为在中国文化里意味着什么呢？该作品让我们

想起中国古代乐器之一：编钟（见图10-9）。目前中国出土的最早的古代编钟是战国时期的编钟。在陈箴的作品中，椅子和床等的排列形式与编钟的排列相似，而且在展览中也插入音乐表演和舞蹈表演，很明显，艺术家考虑到了音乐艺术的感染力。家具能与造型艺术保持联系，改造后的家具变成鼓，同时加入音乐、舞蹈和宗教元素，这样可以与音乐、舞蹈、宗教艺术拉近距离，具体来说，该作品是造型艺术与其他艺术学科的联系媒介。这也许是作品获得好评的重要原因之一。

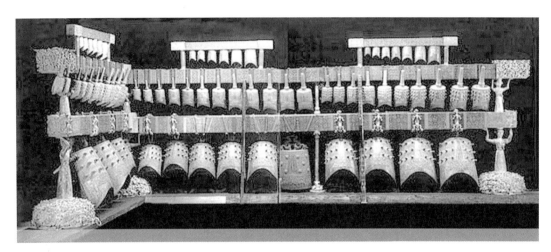

图10-9　编钟（西周，约公元前433年）

我们对该作品的理解大致有以下几种：

第一，陈箴的妻子徐敏说，打鼓这种想法来源于佛教。① 她说"敲打"意味着"惩罚"，但是徐敏并没有指明该作品想"惩罚"谁，也许她仅指出普遍现象，而没有针对性，或者说惩罚对象因人而异。

第二，关于钟与鼓的意义，我们可以追溯到《诗经》的首篇《关雎》，以下是与钟和鼓相关的句子②：

　　（……）窈窕淑女，君子好逑。
　　（……）
　　（……）窈窕淑女，琴瑟友之。
　　（……）窈窕淑女，钟鼓乐之。

在本诗中，钟和鼓成为人与人之间情感沟通的媒介。在这种沟通的过程中存在着三个重要的事实。一是"敲打"事实，二是"声音"事实，三是"感动"事实。"敲打"这

---

① 徐敏. 陈箴[M]. 长春：吉林美术出版社，2006：145.
② 诗经[M]. 王秀梅，译注. 北京：中华书局，2015：2，3，4.

一行为确实表明敲打的人正在表达内心的情感；钟鼓发出的"声音"则是沟通的语言；在前两者的基础之上，产生了对方的"感动"事实。这三个因素相辅相成，缺一不可。在陈箴的作品展览现场也存在以上三种事实：僧人和观众敲打"椅子鼓"，以表达情感；钟鼓发出的声音传给在场的每一个人，这是作品的沟通语言；听者因为亲眼见到敲打者的情感表达的行为，还切实听到了他们表达出来的特殊的声音语言，因此受到感动。

第三，关于钟鼓文化，中国古代思想家荀子的思想与佛教思想不同，他认为鼓可以代表"天"，钟则代表"地"。[①] 老子认为天与地是人类的起源。荀子把钟鼓文化内涵扩大到宇宙大空间里，而佛教思想则限制在人的情感表达范围内。那么，作者邀请佛教僧人来现场参与祈祷，这一举动是否限制了作品内涵的延伸范围？是否让作品笼罩在宗教色彩里？来观看展览的其他宗教教徒或者无神论者会产生什么样的情感效应？

第四，敲打钟鼓能产生鼓舞的心理效应。例如在划船比赛中，鼓手通过击鼓来鼓励队员们使劲划桨，争取胜利。在某些节日里，人们也敲打锣鼓来庆祝节日，增添节日的喜庆气氛。同样在丧事活动里，击鼓则是为了送故人走向另一个世界。不管是为喜事还是为丧事敲打锣鼓，都是为了引起众人相应的情感共鸣，其情感色彩则由敲打节奏以及特定的场合决定。快打与慢打产生不同的情感效应，在不同的环境中敲打也产生不同的情感效应。因此，在陈箴的作品的展览现场，艺术家所铺垫的背景在很大程度上直接影响参与者的情感变化。

作品所关注的问题指向谁？这件作品主要是对以色列和巴勒斯坦之间的政治问题做出反应。如陈箴所述，政治问题的复杂性导致其难以解决，人们对当前的政治局面感到很失望。[②] 当人的内心有愤恨之情时，需要表达甚至发泄出来。在作品展览现场，参与者通过观看、敲打和舞蹈，表达他们的欲望、激情、压力、气愤。这些行为可以理解为另一种形式的对话、惩罚、反思。因此，陈箴用《绝唱——各打五十大板》命名他的作品，指明双方都应该承担50%的责任，希望当事双方都进行反思，以便达成共识，找到解决问题的方案。参与者通过亲身体验，感受到看不见、听不见和非物质性的事物[③]，其心灵得到安慰，心情得以平复。

2006年，陈箴去世后6年，该作品来到上海展览，作品名称改为：《绝唱——舞身摇魂》。显然，此次的摇鼓艺术行为指向对象不再限于以上所提到的解决政治矛盾问题，也是在世之人对已故之人的告慰、赞美和思念。

事实上，陈箴出身于医药世家，受家庭的影响，他对中医药非常感兴趣。他将把脉、开方、配药和治病等理念融入他的艺术里，他认为他的身体是一个"实验室"[④]。在西方艺术概念的帮助下，形成了独特的艺术风格和艺术理念。他的艺术是"药方"[⑤]。

---

① 荀子. 荀子[M]. 上海：上海三联书店，2014：237.
② 徐敏. 陈箴[M]. 长春：吉林美术出版社，2006：19.
③ 徐敏. 陈箴[M]. 长春：吉林美术出版社，2006：136-137.
④ 徐敏. 陈箴[M]. 长春：吉林美术出版社，2006：19.
⑤ 徐敏. 陈箴[M]. 长春：吉林美术出版社，2006：19.

他去世之后,他的朋友自愿建立联谊会,以完成陈箴生前未完成的艺术计划。他倾尽一生的精力来研究艺术,为中国、法国及至世界艺术作出了巨大的贡献。

综上所述,陈箴的作品可以理解为:以多种艺术形式来配制特殊的药物来"治疗"政治矛盾问题。

四、陈箴作品中的中国身份

1993—2000年,陈箴常用的艺术处理手法是把一个物体植入另一个物体中,例如我们在本文中所谈论的作品,包括:1993年的《永恒的消化》、1995年的《圆桌》、1997年的《对面空虚,回到充实》、1998—2000年的《人间星座》、1998年的《绝唱——各打五十大板》。

植入这一行为可以理解为融入或者融合,在他的作品中存在两种融合。第一种融合是文化的融合。当艺术家把来自世界各国的椅子镶入同一张桌子,而每一把椅子均代表不同的文化,因此,陈箴的植入行为的实质是各国文化的融合。如果从作品的主题出发,这种融合的目的是强调人权的平等。第二种融合是各种学科的融合。陈箴尝试把造型艺术与音乐、舞蹈、行为艺术等融合起来,但是作品的主体依然是造型实体,即可见的创造物体。这种艺术概念不禁让我们想起《圆桌》的构成。作品的主体是"桌子",其他元素,如音乐、表演、舞蹈和音乐等都是镶在桌子上的"椅子"。《人间星座》也运用了《圆桌》的概念。如果桌子是"母",其他元素则是"子"。先有"母",再有"子",前者孕育了后者。想到这里,我们可以提出一个问题,陈箴的文化母体是什么?

陈箴在中国出生和成长,中年到欧洲学习和发展,毫无疑问受到西方艺术概念的深刻影响。因此,在他的作品中自然而然地存在文化融合的倾向。他从中国带来的不仅是他的身体,更重要的是中国思想文化。这部分思想文化是他的思想和精神的母体,这个母体受到西方思想文化的影响,有时抗衡,有时融合。由此,在他的文化母体里酝酿生成了一种新的思想文化和思维模式。当文化母体孕育生成了新艺术、新思想、新表达方式,它本身发生了什么改变吗?影响和改变的存在是自然而然的事实,但是,它依然是陈箴的文化母体。像大部分在国外留学和工作的华人一样,陈箴自然能明白这个道理,因此,他的艺术从来没有离开这个文化母体,这是他的思想、精神和艺术的最大的、最好的资源。

从社会学的角度来看,陈箴的艺术作品在一定程度上说明了中西方文化交流的现状、融合方式以及跨国文化艺术的发展方向。陈箴主张的文化大融合的前提是各民族文化的平等权力。各民族的文化都有存在的自由,各民族应该互相理解并尊重其他民族的文化。和而不同正是中国思想文化得以长久发展的基本原则。这个原则永远存在并永远发挥作用。经过以上分析和推理,我们更加清晰地看到陈箴的艺术作品所体现出来的中国文化身份。

在中西文化融合方面,陈箴的艺术是典型的代表。在下文中,我们谈论另外两位亚洲艺术家的艺术,他们的作品也体现了本民族文化的身份,其中一位是在欧洲生活和发展的日本艺术家川俣正和在美国生活和发展的美籍伊朗艺术家希林·娜莎特。

第二节 椅子通道

一、椅子通道的意义

川俣正曾经是日本东京艺术大学的教授（1999—2005），2007年在法国巴黎国立美术学院（Ecole nationale supérieure des beaux-arts de Paris）任教。与陈箴一样，川俣正从20世纪90年代开始走国际化路线，他也把日本文化与西方艺术概念融合在一起。不同的是，陈箴主要在室内创作，其大部分作品在室内展览。而川俣正喜欢在室外创作，即室外现场创作，因而作品易成为公共造型艺术作品。其作品规模比陈箴的作品规模更加庞大，气势更加宏大，视觉冲击力更强。川俣正喜欢在室外创作的原因之一是，他不喜欢单独工作，而喜欢集体劳动。因为每一个人的工作动机有一定差异性，工作方式和方法也存在差异性①，这些差异性使作品充满未知性和神秘性。因此，集体工作成果对于每一个参与者来说都是一份惊喜。

《椅子通道》于1997年在法国巴黎的萨尔普三世医院的圣-路易小礼堂（Chapelle Saint-Louis de l'hôpital de la Salpêtrière）制作。这是世界上第一次在神圣的教堂里建造发此巨大的艺术作品。教堂是祈祷的精神场所，川俣正用几千把椅子构建一条大通道的动机是什么？川俣正对此没有给出唯一的答案，他和所以参与者都在期待多样化的答案（见图10-10、图10-11）。

图10-10　川俣正，椅子通道，1997，巴黎

---

① Caroline Cros. Tadashi Kawamata：architecte du précaire[M]//Garoline Cros. Qu'est-ce que la Sculpture Aujourd'hui. Hauts-de-Seine(France)：Beaux Arts Editions, 2008：114.

图 10-11　椅子通道(部分细节)

在建造这部作品的过程中，川俣正观察到参与者们不同的反应。在工作的过程中，劳动者们不断提出一些问题。与陈箴一样，川俣正希望重新定义艺术，拓宽艺术所涵盖的范围。他认为，人们的反应、疑问、建造过程和最后的成品一起构成了《椅子通道》这件作品。①

除了劳动者的反应不同，参观者的反应也不同。为了了解反应的多样性，我们来看看部分创作参与者和参观者的感受②：

  苏珊娜·梅丽(Suzanne Mailley)住在医院隔壁："刚开始的时候，我尝试找到一个解释，但是我觉得非常困难。然后现在(……)我尝试找到某种神圣的东西，我觉得，所有这一切像是一个巨大的祈祷室，一直通向上天。这已经达到礼堂的高度(……)我相信我最后会理解的，但是，真的不容易(理解)，我想大家也有同样的感觉。"

---

① Caroline Cros. Tadashi Kawamata：architecte du précaire[M]//Garoline Cros. Qu'est-ce que la Sculpture Aujourd'hui. Hauts-de-Seine(France)：Beaux Arts Editions，2008：114.
② Gilles Courdet. Le Passage des Chaises, Works & process：Tadashi Kawamata, 2 DVD, Paris, 2005.

第十章 椅子中的民族身份

一位参与制作的劳动者:"这是一个没有完成的作品(……),这永远不会结束。"

另一位参与制作的劳动者:"在开始的时候,我一点儿都不喜欢这个工作,这觉得这没什么用。但是最后,我们所做的,真是好。"

第三位参与制作的劳动者:"现在有'两栋房子',礼堂和寺庙。"

自从第一把椅子被运送到礼堂,作品的建造工作便开始了。作品的构成元素包括:艺术家充分准备的工作计划初稿,在劳动过程中的讨论与合作,参与者的疑问、思考、凝视,参观者的怀疑和批评。在工作完成之后,参与者收到赞美之词。虽然制作工作已经结束,但是作品的意义却随着参观者的不同评价和反应在空间中不断延续和变化。

关于这件作品的意义,法国记者和作家米歇尔·埃伦伯格(Michel Ellenberger)在参观《椅子通道》时,提出了一些重要的问题,也表达了他的深刻感情,他说:"什么是椅子?什么是教堂里的椅子?这个工具邀请我们来到寂静中坐下,倾听正式的发言。几千把椅子(……)让我们想起每一个人的差异性以及他们的财富。"[1]

米歇尔·埃伦伯格的话把我们带到教堂这个本体来。在中央穹顶周围矗立着4个翼,在4个翼之间各有一个祈祷室。男士祈祷室位于北部,女士祈祷室位于南部,男孩祈祷室在右边,女孩祈祷室在左边。来自四方的来访者分别穿过4个翼,来到中央庭院(交叉点),然后进入相应的祈祷室,坐下来,倾听真言。

川俣正的作品不仅穿越空间,也穿越时间。一个参观者穿过入口到中央小院会合,然后进入祈祷室进行祈祷,最后从祈祷室走出来,再次经过椅子所构成的通道,这一系列行为需要一定的时间。更有意思的是,人们刚进入礼堂,第一次通过椅子通道时的感受与祈祷之后通过椅子走出礼堂时的感受完全有可能不同。如果一个人真诚地来祈祷,那么他们祈祷之前和祈祷之后的心态完全有可能不一样。更加轻松?更加沉重?更加有活力?

《椅子通道》这件作品的核心是椅子,它是作品内涵的根源。所有椅子的结构特点基本一致,它们的座位均用黄色芦苇来制作,主体结构是圆木结构。结构简单轻便,是普通家庭常用的家具,所以具有亲切感。如果一把椅子代表一个人,那么川俣正收集几千把椅子,意味着他召集了几千人来坐在一起,构成一股强大的力量。中国的一个成语"众志成城"可以体现这一集会行为的本质内涵。当参观者穿过椅子通道时,他们每走一步都有可能思考并做出相应的反应。他们想到的事物完全有可能不一样,这取决于每一个人的经历和思想境界。椅子所构成的神圣的凝聚力引导参观者穿过中央小院,在这里椅子构成一个向上空延伸的通道,人们的愿望也在这里得以升华,进入天堂。

川俣正的《椅子通道》展示了一种可变化的、不确定的艺术形式,因为它不仅有物质元素:椅子、礼堂、祈祷室等,也有不确定的非物质性元素,而且这些元素在不停地增加和变化,比如观者的感受和反应。随着观者越来越多,不断变化的感受和反应也随

---

[1] Gilles Courdet. Le Passage des Chaises, Works & process: Tadashi Kawamata, 2 DVD, Paris, 2005.

之增加。川俣正说，他从来没有考虑过一种确定的形式，因为形式永远在变化，有时这种变化的原因是天气变化，有时是因为材料的使用无法控制而导致操作思路和方法的变化。对于川俣正来说，形式并不重要。在制作的过程中，人们的无法预料的行为和反应才是最重要、最有意思的元素。卡罗琳·克劳丝（Caroline Cros）说，川俣正是一个"不确定的建筑师"①，因为他的栋建筑不是用来住，也不是用来摆放，而是用来供人们暂时参观。等展览结束后，建筑将被拆解，还原该场地的原貌，川俣正的建筑形式的艺术作品随之成为人们的回忆。

二、川俣正作品中的日本身份

除了《椅子通道》，川俣正还使用椅子来制作另一件大型雕塑作品，其制作方法与前者相同，而且这栋"建筑"与《椅子通道》一样，都有一个通向高空的开放式的穹顶。在川俣正的观念里，这些穹顶是人类与上天沟通的渠道，正如中世纪的哥特式建筑一样，高耸入云。川俣正喜欢用木料来制作建筑艺术作品，这让我们想起日本的传统木制房子。他喜欢在室外工作，他说这纯粹是为了与受邀的参与者一起工作。在集体工作的过程中，川俣正作为作品建造工作的主导者，他完全有可能向参与者讲解他的计划和艺术观念，而他的艺术观念建立在日本文化的基础上，实质上，他在向参与者宣传日本文化，展示他的日本文化身份，他一直为自己国家的文化感到骄傲。来自其他国家的参观者一眼便能辨认出川俣正的作品中的日本文化特征。日本文化也成为川俣正艺术的标签，并成为他的国际名片，让他名扬四海。

第三节　影像中的椅子

一、空椅子和人的精神

伊朗艺术家希林·娜莎特于1974年移民到美国，她当时17岁。娜莎特在美国学习多年后，于1998年回到她的故乡伊朗考察。她看到伊朗的社会状况已经有了很大的改变，这些改变对她的打击很大，尤其是人权问题和女性的自由问题。政府要求妇女必须穿长袍和戴面纱，而且不能参加社会活动，避开男人的眼光，与男人的世界保持一定距离。面纱成为女性心灵与社会之间的屏障。如果某些活动允许女性参加，人们必须在会场中间拉开一条黑色的布，把男人世界和女人世界完全隔开，不能让男女互相看到。

1998年，她创作了一件影像作品《狂暴》（*Turbulent*）。作品反映了当前伊朗性别文化现状，以及与此有关的政治局势。她采用分屏显示法，在同一屏幕上显示两个不同的画面，一左一右。左边画面显示伊朗男士正坐在礼堂里听台上男歌手的演唱，奇怪是的舞台上穿着白色衬衫、黑色裤子的男歌手正背对观众投入地演唱（我们极少有机会看着歌手的后背来欣赏节目）。当左边画面中的男歌手演唱完毕，男观众们给予热烈的掌

---

① Caroline Cros. Tadashi Kawamata: architecte du précaire [M]//Garoline Cros. Qu'est-ce que la Sculpture Aujourd'hui. Hauts-de-Seine(France): Beaux Arts Editions, 2008: 114.

左屏里,男歌手正背对着男观众演唱;右屏里,女歌手演唱,没有观众欣赏
图 10-12　希林·娜莎特,激流,1998

声。然后男歌手向右边转头,示意身后的观众看向右边(潜在的女性礼堂)。此时,我们看到右边画面显示一排排空座位,这些座位是留给女士们用的,但是她们并不在场。唯一在场的是舞台上穿着黑色阿拉伯长袍的女歌手,她正在激情地演唱。歌声中透露出无限的悲哀,似乎她正在为女性的不平等地位而悲叹。没有观众,这意味着她在空悲叹,没有人同情,毫无社会意义。虽然左边画面的男人们似乎在倾听,但是他们在另一个空间,他们能听见女人的呐喊吗?这些都表明,娜莎特试图通过作品的主旨来体现伊朗国内的性别歧视现象(见图 10-13、图 10-14)。

男士和女士被一张黑色的布隔开,形成黑白两个世界
图 10-13　希林·娜莎特,发狂,1999

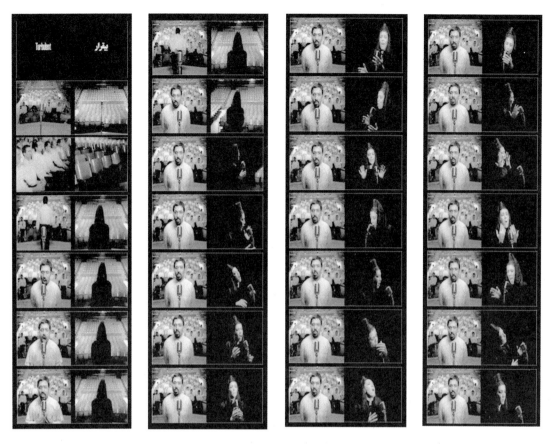

图 10-14 狂暴(部分细节)

娜莎特的影像作品揭露了伊朗国内的社会习俗的限制和政治的压制,并为伊朗女性的不公平待遇呐喊,势为女性争取社会地位和权力。娜莎特于 1999 年拍摄的影像作品《高烧》(*Fever*)也反映了这种社会状况。

二、欲望的手势

为什么男歌手背对观众而歌唱?对于观众来说,看着歌手的背影来听歌,确实令人感到不舒服,因为观众看不到歌手的面部表情、眼神和手势,而这三者却是歌唱表演中表达情感的非常重要的方式。观众不能完全理解歌者的感情,这也是一种情感限制。男歌手也看不到观众的表情和反应,这又是另一个情感限制。事实上,从影像作品的角度来看,男歌手和来看男歌手演唱的现场观众都是影像作品的表演者,他们都面对观看影像的观众,后者不仅看能到男歌手的表情,也能看到男歌手背后观众的表情。在这方面,娜莎特采用反传统的表现手法。

当女歌手演唱时,摄像机围绕着她来拍摄,当我们看到她的背影时(反面),我们也看到了现场空当当的座位(正面);当我们看到她的正面表情时,我们同时看到了黑暗的背景。在此,娜莎特运用了虚实对立的表现手法。

娜莎特用两种完全不同的手段来处理男女歌手的表情和手势：男歌手的表演仅限表情和手势的展露，女歌手在黑暗中歌唱，唯一展露的是表情和手势。左右两个画面的差异性说明了男性和女性在社会待遇方面的差异性。

女歌手的演唱表现出悲壮的情绪，其面部表情也很悲伤，观众犹如看着一个女人在黑暗中绝望地挣扎与呐喊，似乎她随时都有可能消失在黑暗中。这些画面意味着妇女的自由与权利被习俗与政治吞没了。

三、娜莎特作品中的伊朗身份

娜莎特在作品中把椅子、声音、表演、音乐融合起来，以展现20世纪90年代伊朗的社会状况。她的创作方法并不是新的，自1948年以来，美国黑山学院的跨学科艺术家协会就委托劳申伯格把戏剧、舞蹈、服装和表演融合成一个整体，以利于观众欣赏。① 娜莎特来到美国后，应该受到了美国文化艺术的影响，她学到了美国的艺术表现手法。但是她表现的内容却是地道的伊朗文化与艺术。伊朗文化，或者说阿拉伯文化便是她的艺术标签，她通过影像作品向世界揭露阿拉伯文化与政治的特殊性，而这种特殊性实质上就是问题。

第四节　古老性与当代性

当代艺术史学家西尔维·科里耶说，2000年以后的第一个10年"将不会出现任何一个艺术运动，不会出现任何一种新的艺术理论"②，然而，她认为这10年里存在一些改变。那么，中国当代艺术出现了什么改变？为了找到答案，我们谈论两位中国艺术家，一位是设计师-艺术家邵帆，另一位是曾经在美国留学的设计师-艺术家艾未未。

一、邵帆作品中的中国身份

邵帆是画家、雕塑家和设计师，现任中国中央美术学院教授。从1988年起，他开始参加多项国际设计与艺术展览。他的椅子的设计理念与高明璐所提出的"整一现代性"思想有共同之处。

《中国当代艺术研究》一书的作者认为，中国当代艺术在发展之初，模仿西方现代主义和后现代主义。从20世纪90年代起，中国艺术开始回避西方艺术观念和影响，逐渐与西方艺术走向区别开来，重新回到中国本土文化、政治和社会经济上来。在世界文化的背景下，中国当代艺术只能以自己的民族身份走向国际。③中国当代艺术的模仿阶

---

① Schimmel Paul, etc.. Robert Rauschenberg：combines［M］. Les Angeles：The Museum of Contemporary Art，2006：201.

② Sylvie Coëllier. Modifications apparues dans les arts plastiques depuis 2000［M］//Sylvie Coëllier，Jacques Amlard. L'art des Années 2000, Quelles émergences?［M］. Aix-en-Provence：Presses Universitaires de Provence，2012：15.

③ 李倍雷，赫云. 中国当代艺术研［M］. 北京：光明日报出版社，2010：147.

段从 1979 年开始，到 1993 年前后这种趋势逐渐减弱。前文中谈论的陈箴在模仿期过后才开始在欧洲崭露头角，其代表性的作品已经提出了中国文化身份的问题。陈箴的艺术观念影响了中国内地的艺术家的创作思维，邵帆便是其中一位。

20 世纪 90 年代，中国网络开始普及化，与其他民族一样，中国经历了一个信息高速发展的时代。所有事物都在快速改变和发展，比如审美观念、消费观念、劳动方式、沟通方式、国家体制改革等。这些快速改变的直接效果是经济快速增长。而经济的发展需要有更多的艺术与设计的支持，因此，经济的高速发展也推动了艺术和设计的高速发展。国内经济的调整发展是带动内需，这导致中国设计师和艺术家把目光转向中国本土文化和经济，所以逐步与西方艺术观念区别开来，形成了具有中国特色的社会主义背景下的艺术和设计风格。这一民族风格逐渐得到世界的认可，开始拥有话语权，并在国际上占有一席之地。

20 世纪 30 年代，中国人面对不断涌入国门的西方文化，开始思考中国文化身份的问题。但是，当时还没有到达需要做出方向性选择的时候，中西方文化如春风细雨般自然融合。到 20 世纪 90 年代，是时候做方向性选择了，因为西方文化已经在世界上产生了强大的影响力，而中国文化却显得比较弱，这种现象对于曾经有 5000 多年文明的大中华来说显得不太正常。于是国人提出到底是走西方化路线还是走中国传统发展路线的问题。事实上，中国人并没有做出完全一致的选择，这导致我们同时走两条路线。自 2000 年起，在中西结合发展命题的基础上，派生出一个新的学术问题：中国艺术和设计的现代性问题。人们在思考这些问题，即面对西方艺术，中国艺术里的中国身份是什么？是中国传统还是中国现代性？如何定义中国文化身份？

关于 20 世纪中国现代性问题，高明璐用"整一现代性"来概括。他认为，西方现代艺术比中国现代艺术早发展一个世纪，为了跟上西方现代艺术，中国艺术家穿越时间和空间，混合现代性和后现代性，而且把它的顺序颠倒过来。西方先发展现代性，再发展后现代性。可是在中国大陆，顺序却相反：20 世纪 80 年代，人们谈论后现代性，到 90 年代，人们谈论现代性。[1]

中国艺术和设计的现代性和前卫性是时间、空间和价值的统一体。如果以西方已存在的发展轨迹为标准，中国的发展顺序是颠倒的。但是，这种颠倒性在一定程度上体现了中国艺术家借鉴西方艺术的个性特点。具体地说，中国艺术家没有刻意跟随西方艺术的发展轨迹。事实上，中华民族的社会发展轨迹与西方的社会发轨迹存在着差异。21 世纪初的中国大陆，当人们讨论当代性时，还同时谈论现代性与传统性。笔者认为这并不矛盾。因为，事实上正是现代性与传统性一起构成了中国当代艺术。传统性体现了三个方面的优势或者特点：一是体现了中国传统文化的根基非常厚实深远，二是体现了中国当代艺术的民族特色，三是体现了中国文化艺术传承的信念和理念。现代性则体现中国艺术家秉承"与时俱进"的思想，在传统的基础上寻找新的文化营养，包括研究方法、劳动方法、制造方法、合作方法、技术开发等。以上这几个方面的主要借鉴对象之一就

---

[1] 乐正维，张颐武. 反思二十世纪中国：文化与艺术[M]. 广州：岭南美术出版社，2009：77-80.

第十章 椅子中的民族身份

是西方国家的先进经验。这有赖于当前中西方在各领域的丰富多彩的交流活动；得力于广大中国学子，他们到海外留学再回来为中国的发展出力；也得力于许多外国专家，他们为中国各领域研究作出了巨大的贡献。

图 10-15　邵帆，王，2005

二、双重文化形象

邵帆于 2005 年制作了《王》这件作品（见图 10-15）。他首先将一把结构丰富、线条优美的古代椅子切成两半，然后在两半之间插入一把现代简约风格的黑色椅子。三者合并构成一把"新的椅子"。这把"新的椅子"促使观者产生多种双重形象的错觉。第一组形象，古老形象与新潮形象。似乎一把古老的椅子孕育了一把新椅子。其中古老部分体现出浓厚的文化底蕴，它造型优美、线条流畅、结构丰富、高贵典雅。而新的部分显得刚强、直挺、简练、高雅，也因其直线条和低沉色调而显得更加冷酷。第二组形象，古老部分可以视为古代中国形象，而新部分则可以代表新中国的形象。古代中国受西方思想影响略小，传统色彩浓郁；而新中国受西方思想影响较大，现代气息浓郁。第三组形象，古老部分也可以视为家中的长者，如今虽显苍老，却很"慈祥"，他（她）正拥抱着充满活力的新一代。

以上所描述的印象对我们的学术研究有一定的指导意义，是问题论的具体表现形式，即现象。该作品的问题集中在传统性与现代性上。邵帆直接把新旧两种不同物体联系在一起,在同一空间和时间里进行对话。他的作品提出了以下几个问题,第一个是传统性孕育了现代性;第二个是现代性的基础是传统性;第三个是从传统到现代的转化方法和转化过程。我们既要承认传统的重要性,也要重视革新的必要性。从历史的角度来看,这是传统得以发扬和继承的前提条件。从发展的角度来看,创新不是培植无根之草,创新必须有根基。因为根基是基础,是依据、是资源。

邵帆的作品既有艺术欣赏价值和收藏价值,也有实用价值,人们在日常生活中可以使用它。他把艺术与设计融合在一起,因此,我们很难界定其艺术与设计的定义和审美标准。现在看来,他的艺术与设计相互影响,你中有我,我中有你。如果艺术与设计之间存在一条界线,那么他的理念沿着这条界线发展。他的具体发展路径构成一条曲线,即,随着艺术与设计的倾向度不同,构成了左右摆动的曲线,但是其发展不偏离它的轴线(界线)。

他采用先破再立的制作方法,其中破表现为砍和切等解构行为,立则表现为组合、粘贴、插入(镶入)等重组行为。他把需要对话的两个或者多个象征性物体组合成一个有机整体,一方面体现了它们的和谐性,另一方面也体现了它们之间的区别。邵帆的思想与中国哲学思想完全一致:和而不同。和而不同正是中国的发展理念,也是中国的美学标准之一。

三、古老性+创新性=当代性

21世纪的中国艺术越来越看向本民族的传统艺术:书法、绘画、服装、建筑、神话和历史传说、少数民族艺术与习俗等。在家具方面,设计师在历史资源中找到灵感,包括古代家具设计的制作方法和制作材料、古代家具的文化渊源和文化环境。我们在上文中已经论证了传统性与现代性的关系问题,这个时代出现追寻历史文化元素的潮流具有多重社会功能:一是的尊重历史,二是发扬传统,三是找到创新方向。

20世纪80年代的中国政府及其人民百姓意识到传统基础对现代发展的重要性,各民族的文化艺术是整个世界文化艺术的重要组成部分。到2000年后,这种意识表现得更为强烈。从国家政府出台的保护措施到民众的保护意识,都提高到了一个新的历史高度。历史物质遗产和非物质遗产都开始得到具体的重视和有效的保护,其保护对象包括历史古迹、文物、艺术作品、传统节日与活动、制作和制造方法等。

2000年以后,中国进入文化多元的时代。面对不断增加的文化多样性,自我定位能力和文化定位能力是中国艺术家和设计师需要回答的两个重要问题。中国艺术理论学家马钦忠认为,目前的环境下最重要的问题是本土化问题,这个问题的对立面是国际化问题。[1] 笔者认为,这是每个国家面临的共同问题,因为21世纪的经济全球化也带动了文化全球化的发展,国际文化交流随着各种活动展开,而且从未间断。马钦忠认为,国际化等同于西方化,这已经持续几个世纪了。[2] 虽然在亚洲各国之间也进行交流,但是我们所指的西方国家一般指欧美国家,国际化概念一般界定在欧美国家范围内,因

---

[1] 马钦忠. 中国当代美术的六个问题[M]. 北京:人民美术出版社,2013:133.
[2] 马钦忠. 中国当代美术的六个问题[M]. 北京:人民美术出版社,2013:133.

此，马钦忠确实有理由提出这个观点。

面对西方的现代性和当代性，中国艺术家和设计师也在寻找自己的现代性和当代性，即便很难正确地肯定地界定这两个"性"。他们需要在西方与中国、传统性与现代性、古老性与创新性三组对立面之间做出选择。为了回应这些问题，中国设计师和艺术家在他们的作品中同时采用古老元素和创新元素，以形成强烈的对比，进而产生特殊的效果。

邵帆也无法回避这些普遍存在的问题，由于他深受到西方观念的影响，同时手中紧握中国传统元素，因而他的作品显现为双重形象，具有鲜明的对比，有着强烈的视觉冲击力。总体来说，他秉承的理念是历史主义和现代主义，他的作品是进行历史对话的艺术媒介。

邵帆的作品在一定程度上反映了中国当前文化发展的趋势——当今人们所关注的历史主义和现代主义之间的关系问题，以及中国与西方的关系问题。这些问题涵盖的领域包括思想观念、科学、文学和体育等。大部分中国艺术家和设计师自觉或者不自觉地跟随着这种发展趋势。

第五节 椅子出国

一、童话

艾未未是中国建筑师、设计师和艺术家，他曾经到美国留学，创作了不少个性鲜明的作品。

2007年，艾未未扩展艺术视域范围，制作了一件大型装置作品《童话》(见图10-16)。这件作品是开放式的、不断演变的，也是真正深入人们生活的艺术作品。作品构成元素包括物品(椅子)、人的行为(走动、旅游、交流、睡眠)。艾未未组织了一个由1001人组成的中国旅游团，并带领他们来到欧洲的德国旅行，参加2007年在卡赛尔举办的第12届文献展。与1001人相对应，艾未未同时还带来1001把中国明清风格椅子，在展览中，游客可以坐在这些椅子上休息和交流。① 当时，艾未未一共带来两件作品，另一件作品是《模板》。这两件作品均得到德国政府的资助，资助总额为310000欧元。② 西尔维·科里耶观察到，这件作品毫无疑问牵涉"我们这个社会普遍存在的强国的金融控制问题"③和"文化和经济的全球化问题"④。《童话》以什么方式来推进文化全球化的发展？

---

① 艾未未. 儿戏[M]. Pairs: Le Cherche Midi, 2016: 12.
② 傅晓东. 作为艺术作品的神话故事[C]//. 艾未未. 寻找快乐的能力. 香港: 大山文化出版社, 2013: 50.
③ Sylvie Coëllier. Modifications apparues dans les arts plastiques depuis 2000[M]//Sylvie Coëllier, Jacques Amlard. L'art des Années 2000, Quelles émergences? [M]. Aix-en-Provence: Presses Universitaires de Provence, 2012: 15.
④ Sylvie Coëllier. Modifications apparues dans les arts plastiques depuis 2000[M]//Sylvie Coëllier, Jacques Amlard. L'art des Années 2000, Quelles émergences? [M]. Aix-en-Provence: Presses Universitaires de Provence, 2012: 15.

第五节 椅子出国

图 10-16　艾未未，童话，2007

《童话》这件作品的灵感来源于一次在瑞士的旅行。当时，有一个意大利旅游团，这个团中有老人也有小孩。这件事触动了艾未未，使其觉得这样的活动很有意义，于是立即决定邀请中国人到外国旅游，而且人数一定要达到一定的数量，使这个行为更加有意义。他决定从全国各地方各行业招募1001人参加此次活动。这1001人可以称为蛋糕中的一块，意指中国人的一部分，即中国的形象代表。①

2007年3月，艾未未发出通告两天之后，便收到200把明清风格的椅子，第二个星期后，他收到1000多把椅子。有些椅子已经损坏，摇摇晃晃，必须把它们维修好才能使用。2007年4月，重点是为1001人申请签证，这类手续在当时实属不易。但是，此次的签证申请却得到快速处理，没有遇到任何困难。有意思的是，一些参与者把后脑勺的头发剪成字母F造型，这是英文单词"Fairytale"（童话）的首字母，以表示对该活动的大力支持。②

艾未未还为1001人准备日常用品，包括统一规格的旅行箱、床铺、床单、枕头等用品。有了这些东西，人们便可以辨别这1001人的身份。③

---

①　傅晓东. 作为艺术作品的神话故事[C]//. 艾未未. 寻找快乐的能力. 香港：大山文化出版社，2013：48.
②　Urs Stahel, Daniela Janser. AI Weiwei, Entrelacs[M]. Göttingen：Steildl Verlag, 2011：330+334+328.
③　傅晓东. 作为艺术作品的神话故事[C]//. 艾未未. 寻找快乐的能力. 香港：大山文化出版社，2013：49-50.

二、艾未未作品的中国文化象征

艾未未的艺术离不开象征主义,他的作品中所展示的物品具有较强的象征意义,尤其具有生活、艺术、历史和政治的象征意义。在《童话》里,物质材料是明清风格椅子,它们是中国古代文化的一个重要标签。明式家具代着表中国家具发展的顶峰,现在已经是世界公认的著名家具风格之一,受到各国设计师的喜爱。他们纷纷从中寻找设计灵感和设计原理,把中国古人创造的文化融合到他们的设计艺术里。在卡赛尔,1001把椅子分别放置在不同的空间,供游人使用。当游人坐在这些椅子上的时候,他们便自觉或者不自觉地与中国文化进行精神性对话。

此外,1001位中国游客可以在卡赛尔自由行动,他们的参观、行为,对一座新城市及其人文景观和语言的反应,对异国文化的感受和认识等都是《童话》的构成元素。中国游客的这些行为和反应也给当地民众留下了一定的中国文化形象。艾未未认为,1001位中国游客既是文化的媒介,又是文化的传播者。①

在1001人当中,大部分人既不会说英语,也不会说德语,既不了解德国文化,也不了解德国当代艺术。他们当初报名参加,仅仅是为了到德国旅游。他们在游玩的过程中,或多或少遇到沟通障碍问题,影响他们认识当地的文化、政治和经济等。这些问题给《童话》增添了复杂性。②

三、《童话》作品风格西方化了吗?

关于艺术家在本作品中的角色问题,艾未未把自己当成一个正在学习的观察者,因为他每天都解决一些新问题,有些问题他在生活中从未见过。③《童话》不再只是一件个人艺术作品,而是一件集体作品,或者是社会作品。此外,它并没有具体的形式,它采用完全自由的形式,即,在自由行动的原则下,参与者采取自由发挥的形式。总体来说,即自由下的多种形式。等展览结束,展品收拾好,参与者回到家,《童话》的创作过程即结束。艾未未的创作方法与西方艺术观念有联系。当他于1981年至1993年在美国学习的时候,他受到了杜尚的思想、沃霍尔的哲学、贾斯伯的艺术,以及达达主义和超现实主义的深刻影响。④

然而,艾未未的艺术作品,如《童话》,已经超越了以上这些大师所建立的艺术框架。它们具有大众生产的属性,同时把传统手工艺、当代艺术和当代生活联结在一起。它们也挑起了古老性与当代性之间的对比。

谈到古老性与当代性之间的关系问题,我们可以尝试引入由西尔维·科里耶提出的

---

① 傅晓东. 作为艺术作品的神话故事[C]//. 艾未未. 寻找快乐的能力. 香港:大山文化出版社,2013:51-52.

② 傅晓东. 作为艺术作品的神话故事[C]//. 艾未未. 寻找快乐的能力. 香港:大山文化出版社,2013:51.

③ 傅晓东. 作为艺术作品的神话故事[C]//. 艾未未. 寻找快乐的能力. 香港:大山文化出版社,2013:52.

④ Hans Ulrich Obrist. Ai Weiwei[M]. Paris:Manuella,2012:115.

"联系概念"和"修改概念",以及米歇尔·格林提出的"哲学的现代性概念",也许这些概念能够为我们提出一些有价值的猜测。格林说:

"从最广泛的意义、横跨历史和多个世纪来看,如果一个行为不是在传统中寻找它的关键意义,那么这一行为便具有现代性。这样一种行为已经超越了过去某个时刻所要求的提前授权,而且更体现了它的自信;这暗示了它值得称赞。它在现代的思辨和推算中,因其独立自主能力而与增加区别开来,这不仅是为了评判,也是为了操作。"

"Au sens le plus vaste, transhistorique et multiséculaire, est moderne un comportement dont la clef n'est plus à chercher dans la tradition. Un tel comportement, affranchi de toute autorisation préalable demandée à une instance, marque au contraire sa confiance à l'instant; il vaut implicitement éloge du présent. Il se distingue de surcroît par une capacité d'autonomie, au servie non seulement d'un jugement mais en vue d'une opération; dans la spéculation du moderne, entre du calcul."①

艾未未和邵帆或多或少修改了古代椅子,在展现古老性(或者说传统性)后同时,把它与创新性(或者当代性)进行联系。对于邵帆来说,创新性存在于当今创造的椅子里。艾未未的作品的创新性表面在3个方面:(1)新的创造和展示方法,包括收集、修改或者转化、运输、展示、使用等手段;(2)展览中的参观者是使用古老椅子的新一代;(3)新的环境,比如在外国展览。

这两位艺术家并不在传统中寻找艺术精华,例如设计理念、材料的使用和制造的技术等因素。他们把历史当成一个整体,让它与此刻进行沟通,产生鲜明的对比。总而言之,他们站在历史的角度看当今的问题,他们并不关注辉煌的历史,而是突出当今的状况,即当代性。图10-17可以解释和总结本部分的内容。

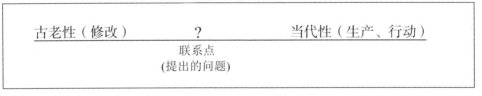

图10-17 古老性与当代性的联系

结　语

20世纪90年代出现了一股从东方向西方迈进的移民潮。来到西方学习的东方艺术

---

① Michel Guérin. Le nouveau et l'inédit (moderne / postmoderne?) [M]. Sylvie Coëllier, Jacques Amblard. Aix-Provence: Presses Universitaires de Provence, 2012: 104.

家们学习西方的艺术表现手法，同时也保持了原有的东方文化思想。陈箴以《圆桌》开始在国际上崭露头角，以中国哲人的思维方式来思考问题，提出国际和平、人权、自由等问题。他是艺术全球化的执行者。日本籍艺术家川俣正也在欧洲生活和发展，他的作品展现了集体劳动的无穷力量，他以日本人的方式为世界人民祈祷和祝福，取得了良好的社会声誉。美籍伊朗艺术家娜莎特在她的影像作品《狂暴》和其他作品中，以反传统的表现手法来为伊朗妇女争取公平的地位和权利，也展示了阿拉伯世界的文化状况。以上3位东方艺术家都在本国文化的基础上发展自己的艺术，本国文化身份成为他们的标签，是他们取得成功的重要推动力。

21世纪之初，邵帆和艾未未等中国艺术家重新提出历史主义问题，他们既关注本土的古老性与当代性的对比，也关注西方艺术与中国艺术的对比。邵帆在一种具体的(室内)空间里把古老性与创新性联结在一起，以创造一把"新椅子"，开辟了中国设计具有创新性的发展路径。他的作品的核心内容是中国新设计。而艾未未使用明清风格家具来制造作品，其目的是想对它们重新定义。他直接把古老性与当代性、西方文化与东方文化放在社会大空间里展示，以多种方式进行沟通与对比，产生了多重社会意义，开辟了国际文化艺术新的发展路径。

参考文献

傅晓东. 寻找快乐的能力. 作为艺术作品的神话故事[C]//. 艾未未. 寻找快乐的能力. 香港：大山文化出版社，2013.

乐正维，张颐武. 反思二十世纪中国：文化与艺术[M]. 广州：岭南美术出版社，2009.

艾未未. 儿戏[M]. Pairs：Le Cherche Midi，2016.

李倍雷，赫云. 中国当代艺术研[M]. 北京：光明日报出版社，2010.

马钦忠. 中国当代美术的六个问题[M]. 北京：人民美术出版社，2013.

徐敏. 陈箴[M]. 长春：吉林美术出版社，2006.

朱光潜. 谈美[M]. 北京：新星出版社，2015.

王受之. 世界现代设计史[M]. 北京：中国青年出版社，2013.

陈于书，熊先青，苗艳凤. 家具史[M]. 北京：中国轻工业出版社，2009.

徐中约. 中国近代史[M]. 北京：世界图书出版公司，后浪出版公司，2013.

冯友兰. 中国哲学史（上）[M]. 上海：华东师范大学出版社，2010.

毛泽东选集（第1卷）[M]. 北京：人民出版社，2009.

毛泽东选集（第2卷）[M]. 北京：人民出版社，2009.

毛泽东选集（第3卷）[M]. 北京：人民出版社，2009.

诗经[M]. 北京：中华书局，2015.

[英]爱德华·路希·史密斯. 二十世纪视觉艺术[M]. 彭萍，译. 北京：中国人民大学出版社，2007.

[美]莱斯利·皮娜. 家具史：公元前3000—2000年[M]. 吕九芳，吴智慧，等，译. 北京：中国林业出版，2014.

[美]罗伊·T. 马修斯. 西方人文读本[M]. 卢明华，计秋枫，郑安光，译. 上海：东方出版社，2007.

[德]Alexander Brandt. 新艺术经典：世界当代艺术的创意与体现[M]. 吴宝康，译. 上海：上海文艺出版社，2011.

[英]路德维希·维特根斯坦. 逻辑哲学论[M]. 王平复，译. 北京：中国社会科学出版社，2009.

[英]路德维希·维特根斯坦. 哲学研究[M]. 蔡远，译. 北京：中国社会科学出版社，2009.

Anne Bony. Le design[M]. Paris：La Rousse，2004.

Magdalena Droste. Bauhaus, Archive[M]. Cologne：Taschen，2012.

参考文献

Charlotte & Peter Fiel. Moderne chairs[M]. Cologne: Taschen, 2002.

Charlotte & Peter Fiel. Scandinavian design[M]. Taschen, 2013.

Jean-Louis Gaillemin, Réunion des musées nationaux, Galeries nationales du Grand Palais. Design Contre Design: deux siècles de création [M]. Paris: Réunion des musées nationaux, 2007.

Frank Lloyd Wright. Testament[M]. Marseille: Parenthèses, 2005.

Frank Lloyd Wright. L'avenir de l'archtecture[M]. Paris: Lintteau, 2003.

Nikolaus Pevsner. Les sources de l'architecture moderne et du design[M]. Paris: Thames et Hudson, 1993.

Gérard Piouffre. Les grandes inventions[M]. Paris: Editions First-Gründ, 2013.

Confucius. Les Entretiens de Confucius[M]. Paris: Gallimard, 1987.

Jean-Paul Sartre. L'être et le néant, Essai d'ontologie phénoménologique [M]. Paris: Gallimard, 1943.

Jean-Paul Sartre. L'existencialisme est un humanisme[M]. Paris: Gallimard, 1996.

Jean-Pierre Cometti. Art, représentation, expression[M]. Paris: Presses Universitaires de France, 2002.

Hegel, G. W. G.. Esthétique des arts plastiques[M]. Paris: Editions Hermann, 1993.

Carlos Basualdo. Bruce Nauman: topological garden: installation views[M]. Philadelphia: Philadelphia Museum of Art, 2010.

Joseph Beuys. Volker Harlan. Qu'est-ce que l'art[M]. Paris: l'Arche, 1992.

Michel Bulteau, Andy Warhol. Le désir d'être peintre[M]. Paris: La différence, 2009.

Sylvie Coëller. Histoire et esthétique du contact dans l'art contemporain [M]. Aix-en-Provence: Publication de l'Université de Provence, 2005.

Sylvie Coëller. Le montage dans les arts aux XXe et XXIe siècles[M]. Aix-en-Provence: Publication de l'Université de Provence, 2008.

Sylvie Coëller, AMBLARD Jacques. L'art des années 2000, Quelles émergences? [M]. Aix-en-Provence: Presses Universitaires De Provence, 2012.

Caroline Cros. Tadashi Kawamata: architecte du précaire[M]//. Caroline Cros. Qu'est-ce que la sculpture aujourd'hui. Hauts-de-Seine (France): Beaux Arts Editions, 2008.

Isabelle de Maison Rouge. L'art comtemporain, au-delà des idées reçues[M]. Paris: La Cavalier Bleu, 2013.

Klaus Honnef. Andy Warhol 1928-1987, de l'art comme commerce [M]. Cologne: Taschen, 1988.

Constance M. Lewallen, et al. A rose has no teeth: Bruce Nauman in the 1960s [M]. Berkeley: University of California Press, 2007.

Alfred Nemeczek. Van Gogh in Arles [M]. Munich: Prestel Verlag, 1999.

Hector Obalk. Andy Warhol n'est pas un grand artiste[M]. Paris: Flammarion, 2001.

Paul Schimmel, etc.. Robert Rauschenberg: Combines[M]. Les Angeles: The Museum of

Contemporary Art, 2006.

Judy Sund. Van Gogh[M]. Londres: Phaidon Press, 2002.

Hans-Ulrich Obrist. Ai Weiwei[M]. Paris: Manuella, 2012.

David Vaughan, Melissa Harris. Merce Cunningham: fifty years [M]. New York: Aperture Foundation, 1999.

Christine Van Assche. Nauman Bruce: image-texte, 1966-1996 [M]. Paris: Centre Pompidou, 1997.

Anne Revillard, Chen Zhen. Inocation of Washing Fire [M]. Prato: Gli Ori, 2003.

Gilles Courdet. Le Passage des Chaises, Works & process: Tadashi Kawamata, 2 DVD, Paris. 2005.

感　　谢

　　感谢我的导师西尔维·科里耶，她是法国当代艺术历史学家，法国艾克斯-马赛大学教授，曾任艾克斯-马赛大学艺术学研究室主任。作为导师，她认真指导我的研究工作，多次阅读和批改我的论文，帮助我找到前进的方法和方向，给我提供设计、艺术、美学、哲学、文化等信息，传授给我研究方法，使我能深入研究我的课题。

　　感谢广西艺术学院资助本著作的出版；感谢广西艺术学院的领导，感谢科研创作处的领导和老师，感谢设计学院的领导和科研负责人；感谢所有支持我的研究工作的老师、同事和同学。

农先文

2018 年 12 月